HOYA'S BAKING CLASS

金鎮浩
Kim Jin Ho

在家也能做的
韓系麵包

SOFT
BREAD

前 言

在我十四歲時，第一次學習製作麵包。我的夢想是成為一位廚師，於是開始在烹飪補習班補習，從旁邊的烘焙教室飄散出剛出爐的麵包香氣令人陶醉，看到學員們將親手製作的麵包精美包裝後帶回家的模樣，我感到非常羨慕。因此，決定學習製作糕點麵包，踏上我的烘焙之路。

高中一畢業，我就立刻去大田的聖心堂麵包店上班。當時的聖心堂麵包店就跟現在一樣，是當地的人氣名店，每天的工作都非常忙碌。為了製作種類眾多的麵包而忙得不可開交。雖然很辛苦，但也因此獲得了許多寶貴的經驗，遇到了優秀的師傅，學到很多東西。在日本學習很長一段時間的師傅，將結合日本和歐洲技法的麵包製作方式傳授給我。為了將這些麵包製作成更適合韓國人的美味風味，我不斷地努力研究和思考。

2023年的現在，色香味俱全的韓式麵包—K-Bread，正受到全球矚目。雖然聽起來野心有點大，但我想將自己長年苦心研究和累積的一切經驗知識，全都積累成冊，創作出進化版的「最具韓國特色的麵包食譜」給讀者們。也期許本書中的菜單，可以支持小型麵包店的經營。因此，費盡心思地構思了本書食譜。

書中涵蓋多樣風格的麵包食譜，包括可當作主食的美味料理麵包、填滿各種鮮奶油的布里歐甜甜圈、在家就能輕鬆製作的蝴蝶餅麵包、兩種不同口感的鹽可頌及經改良的創意版本，還有填入豐富餡料油炸而成的可樂餅等。書中不僅收錄了目前麵包市場上最受歡迎的品項，還有符合韓國口味且具備韓式風格的多款麵包。考量烘焙時的生產力和效率，書中選擇「以單一麵團製作多款菜單」的方法，並運用鮮奶油或內餡變化來呈現各種獨特的麵包。

隨著越來越多的人將開設麵包咖啡廳視為志願，以及選擇在家中製作高水準的麵包，專業和非專業之間的界限正逐漸消失。在這樣的時刻，針對那些希望以簡單而不複雜的方式製作美味麵包的居家烘焙者，以及夢想開設小型麵包店的新手創業者，希望本書能夠提供一些有益的幫助。

金鎮浩

Contents

PART 1 **BREAD LOAF** 吐司

052

01.

FRESH MILK BREAD

鮮奶吐司

060

02.

MASCARPONE BREAD

馬斯卡彭乳酪生吐司

068

03. 馬斯卡彭乳酪生吐司創意版本

MILK & BUTTER BREAD

牛奶奶油早餐包

04.

RYE & POTATO BREAD

黑麥馬鈴薯麵包

05.

OLIVE FOCACCIA BREAD

橄欖佛卡夏麵包

SALTED BUN　　鹽可頌

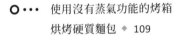 ○‥‥ 使用沒有蒸氣功能的烤箱
烘烤硬質麵包 ◆ 109

06.

SOFT SALTED BUN

柔軟的鹽可頌

07.　　　　柔軟的鹽可頌創意版本①

**SOFT SALTED BUN WITH
EGG MAYO**

雞蛋美乃滋鹽可頌

08.　　　　柔軟的鹽可頌創意版本②

**SOFT SALTED BUN WITH
CRAB MAYO**

蟹肉美乃滋鹽可頌

09.

CRACKED SALTED BUN

脆皮鹽可頌

10.　　　　脆皮鹽可頌創意版本①

**CRACKED SALTED BUN WITH
POLLOCK ROE**

明太子鹽可頌

11.　　　　脆皮鹽可頌創意版本②

**CRACKED SALTED BUN WITH
SWEET RED BEANS & BUTTER**

紅豆奶油鹽可頌

SWEET BUN   甜餐包

122

12.

SWEET RED BEAN BUN

甜紅豆麵包

128

13.

SOBORO BUN

菠蘿麵包

134

14.

CUSTARD CREAM BUN

卡士達奶油麵包

140

15.

CHIVE BUN

韭菜麵包

146

16.

MELON BUN

哈密瓜麵包

CROQUETTE   可樂餅

154

17.

VEGETABLE CROQUETTE

蔬菜可樂餅

160

18.

BEEF CURRY CROQUETTE

牛肉咖哩可樂餅

166

19.

ITALIAN CROQUETTE

義式可樂餅

20.

SALAD CROQUETTE

沙拉可樂餅

PART
5

DONUT 甜甜圈

○・・・ 布里歐甜甜圈麵團 ◆ 180

21.

GLAZED DONUT

糖霜甜甜圈

22.

MILK CREAM DONUT

牛奶鮮奶油甜甜圈

23.

VANILLA CREAM DONUT

香草鮮奶油甜甜圈

24.

**STRAWBERRY
CREAM DONUT**

草莓鮮奶油甜甜圈

25.

MATCHA CREAM DONUT

抹茶鮮奶油甜甜圈

210

26.

BRIOCHE BRESSANE

布里歐 布烈薩努

216

27.

CORN CHEESE BRIOCHE

玉米乳酪布里歐

222

28.

BRIOCHE HAMBURGER BUN & CHEESE BURGER

布里歐漢堡包＆起司漢堡

230

29.

CINNAMON TWIST

肉桂扭紋捲

238

30.

CHALLAH

哈拉麵包

244

31.

GONGJU CHESTNUT BREAD

栗子麵包

252

32.

CHOCOLATE BABKA

巧克力巴布卡

258

33.

PISTACHIO BABKA

開心果巴布卡

PART 7 **PRETZEL** 蝴蝶餅麵包

270

34.

ORIGINAL PRETZEL

原味蝴蝶餅

274

35.

CINNAMON SUGAR PRETZEL

肉桂蝴蝶餅

276

36.

SAUSAGE PRETZEL

香腸蝴蝶餅

280

37.

SALTED MILK CREAM PRETZEL

鹽味牛奶鮮奶油蝴蝶餅

286

38.

LEEK & CREAM CHEESE PRETZEL

蔥花＆奶油乳酪蝴蝶餅麵包

292

39.

KAYA JAM & BUTTER PRETZEL

咖椰奶油蝴蝶餅麵包

BEFORE BAKING

在烘焙之前，
你應該要知道的細節──

製作麵包的原理和步驟

　　製作麵包的過程通常可以分成10到12個步驟。從最基本的秤量、簡單的摺疊、比發酵時間更短的基本發酵（Floor time）等容易理解和學習的步驟，再到攪拌、第一次發酵、整形、第二次發酵、烘烤等，連內行烘焙者都覺得有點困難的步驟。重要的是，每一步對於麵包的最終樣貌都會帶來很大的影響，就算只有一個地方出錯，也很難製作出優質麵包。現在，就讓我們透過下列的表格以及對每個步驟的理解，來學習製作麵包的原理吧！

→	食材秤量	精準掌握食材分量
→	攪拌	麵筋的形成和結合
→	麵團表面整理	整頓麵筋、形成麵團表面
→	第一次發酵或基本發酵（Floor time）	酵母發揮活性、形成麵筋結構
→	分割	搭配產品需求分割成正確尺寸
→	滾圓	整頓麵筋、形成麵團表面
→	靜置發酵（Bench Time）	緩解彈力過強的麵筋組織
→	整形	搭配產品特性塑造形狀
→	第二次發酵	酵母發揮活性、使麵筋結構變得穩定
→	烘烤	準確的溫度和固定的時間

① 食材秤量

　　這是所有烘焙的初始步驟。在檢查材料分量時，比起看體積，測量重量更為精確，建議使用可秤到1g單位的秤。在開始秤重之前，應該先明確區分哪些材料可以一起秤重、哪些材料必須獨立出來秤量。本書的食譜中，列出的材料順序通常就是秤重的順序，也是使用順序。舉例來說，如果要製作牛奶吐司，只要按照以下順序來秤重即可：麵粉—細砂糖—鹽—酵母—蜂蜜—牛奶—奶油。這些食材中，麵粉、細砂糖、鹽和酵母可以一起秤重，但酵母在秤重時要避免碰觸到細砂糖或鹽（因為細砂糖和鹽的滲透壓作用，直接接觸酵母會降低酵母的活性。）再將蜂蜜和牛奶等液體材料秤重，而最後才添加的奶油則應單獨秤重。這裡提到的蜂蜜，可在麵粉的其中一側挖出一個凹槽來測量，以減少蜂蜜黏在容器上造成的浪費。不過，如果不打算在測量完畢後立即開始製作麵團，則可將蜂蜜和液體食材一起秤重。

總而言之，在秤量時，區分乾燥食材和濕潤食材是很重要的步驟。無論是店面烘焙還是家庭烘焙，只要是烘焙，通常都有大量的器具需要清洗。若能先掌握食材的特性並採用準確的秤量方法，就有助於減少清潔的流程。對店面烘焙而言，有助於提高工作效率；對家庭烘焙而言，則可減輕烘焙的負擔。

② 攪拌

　　所謂的攪拌，是藉由物理性的力道來攪打麵團，藉此活化麵筋。麵粉中含有「穀蛋白（Glutenin）」和「麥醇溶蛋白（Gliadin）」兩類蛋白質，與水相遇時，這些蛋白質就會形成名為「麩質（Gluten）」的緊密網狀結構。施加越多物理性的力道，麩質的形成就會變得更活躍。在攪拌過程中有幾點重要的要素，其中一點就是「麵團的溫度」。現在就來瞭解看看，有哪些原因會對麵團的溫度產生影響吧！

　　第一，用來製作麵團的「水的溫度」。許多人在製作麵團時，會使用溫熱的水，當然，如果室內溫度太低、食材本身溫度太冷，可以將水加熱後再使用；但在一般情況下，麵團的最終溫度應該落在24～27℃之間最為適當。以攪拌至全發（100%）的標準下，使用溫熱的水可能會導致麵團的最終溫度過高。因此，若冬天室內溫度超過20℃，建議使用20℃以下的冷水來製作。

根據麵團的最終溫度，計算出要使用的水溫

原本是使用更複雜的計算公式來算出所需的水溫，但也可以透過常數更輕鬆地計算出預計使用的水溫。（以麵團最終溫度25～27℃為基準）

52（常數）－（室內溫度+麵粉溫度）＝使用時所需的水溫

舉個例子，假設室內溫度是25℃，麵粉的溫度通常比室內溫度低1～3℃左右，因此麵粉的溫度可以假設為23℃。這兩個數字相加為48。
在這種情況下，52（常數）減去48等於4，這就是在製作時應該使用的水溫。用這種方式，就能輕鬆又快速地算出所需的水溫。

- 如果按照此方法製作麵團，麵團的最終溫度卻還是太低或太高，則需搭配自己擁有的攪拌機，或視環境狀況稍微修正常數。
- 此方法僅是標準值，根據製作時使用的攪拌機或室內溫度的差異，此數值會稍微有所不同。

第二個因素，則是使用在麵團中的「麵粉的溫度」。影響麵團溫度最大的食材就是「麵粉」。夏季時，如果時間很充裕，建議先將麵粉測量好後冷藏保存，然後再製作成麵團；如果時間有限，建議將液體冰過或添加冰塊。以結果來看，麵團的溫度越高，酵母的活性和發酵速度就會越快，導致麵包的風味變差。

🥐 製作麵團時使用的冰塊

只使用水（自來水）製作麵團時，可以將水的20～30％分量用冰塊替代；相反地，除了水之外，使用雞蛋或牛奶等含水分的食材來製作麵團時，可以將水的50～100％替換為冰塊。然而，冰塊通常是由過濾水製成，不太適合用於麵團。因此，遇到炎熱天氣時，建議先將麵粉提前放入冰箱中，使麵粉冷卻後再使用，為最佳作法。

攪拌的階段分為拾起階段→水合階段→完成階段→最終階段→最終階段後期（100％）→攪拌過度階段→破壞階段。通常將麵包攪拌至最終階段後期是最理想的狀態。對於漢堡包或英式瑪芬等，需要烘焙出蓬鬆度的麵包，也可按照產品的需求攪拌至「攪拌過度階段」。不過，多數人在烘焙時都只會攪拌至100％。

接著，讓我們更詳細地瞭解攪拌的各個階段吧！

🥐 麵團攪拌的階段

拾起階段（Pick-up Stage）1～5％

此階段雖然麵粉和水混合在一起，但麵粉中的水分尚未充分滲透，麵筋也才剛開始結合。因此麵團質地很黏滑、粗糙，拉伸麵團時會立刻斷裂。

水合階段
（Clean-up Stage）
30%

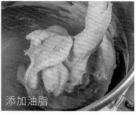

添加油脂

「Clean-up」就是調理盆要開始變得乾淨的階段，代表麵團不會再黏在調理盆上。從這個階段開始，麵粉和水會充分結合，看得出麵團的模樣。雖然麵團質地仍然粗糙，但已經形成了一個結實的團塊，並且也具備某種程度的彈性。通常會在此階段之後添加油脂，因為麵團已經充分與水結合，也形成一定程度的麵筋組織，即使加入油脂也不會對攪拌產生太大的干擾。

完成階段
（Development
Stage）
50～60%

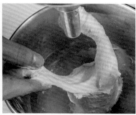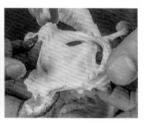

麵團達到最大彈性的階段。此時，若持續用中速以上的速度攪拌，麵團會撞擊調理盆的內壁，發出響亮的聲音。這時的麵團具有良好的彈性，雖然質地粗糙，但在拉伸時會有一定的延展性。在製作布里歐或甜麵包麵團等油脂和糖分比例較高的麵團時，建議在此階段加入油脂以穩定麵團品質。

最終階段
（Final Stage）
80～90%

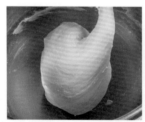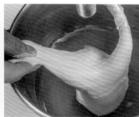

經過完成階段後達到最終階段，此階段的麵團整體狀態變得平滑且有光澤，延展性也變得更好。當用手拉伸麵糊時，會形成薄薄的麵筋膜，此階段的麵團尚維持良好的彈性，將麵團拉伸至可以看見手指上的指紋時，麵筋膜會破裂並形成孔洞。此時通常視為麵團的最終階段，因此許多人會在這個階段停止攪拌。雖然有些麵包不會受到明顯的影響，但若是吐司，就會出現延展性不足，在烤箱中過度膨脹（Oven Spring）、麵包內部出現孔洞的情況。而對於像布里歐這類高脂、高糖的麵團，若在此時停止攪拌，可能會降低其發酵能力，在烤箱中的膨脹效果也會變差。

• 彈性：施加力量時，麵團的體積和形狀會產生變化，彈性是指當施加的力量消失時，能讓麵團恢復成原本的形狀。
• 延展性：指可以讓麵團被拉長的狀態。

最終階段後期
100％

此階段麵團的質地平滑且有光澤。當拉伸麵團時，質地依然保持光滑且具有適度的彈性，能輕鬆延展。即使將麵團拉伸到指紋清晰可見的程度，麵團也不易斷裂。在製作大部分的麵包時，這是最理想的攪拌完成階段。此時的麵團將具有良好的發酵能力、延展性以及均勻的內部結構和膨脹效果。

過度攪拌階段
（Let down stage）
110％

此階段的麵團彈性會完全消失、伸展性提高。麵團呈現明顯甚至有點過度的光澤，但不再具有彈性，拉扯麵團時會平滑地伸展開來。由於彈性減弱，麵團的蓬鬆度變得良好，因此通常在製作需要一定蓬鬆度的麵包時，如英式瑪芬或漢堡麵包，都會持續攪拌到此階段。在達到過度攪拌階段之前，會花費比想像中更長的攪拌時間，若以高速攪拌過長的時間，會拌入過多的空氣，導致麵團容易氧化，因此建議使用低速攪拌。

破壞階段

此階段會開始破壞麵筋結構，也被稱為「疲憊階段」。麵團會失去光澤、質地再次變得粗糙且溫度上升、變熱。當用手觸摸時，麵團質地會變得黏稠且缺乏彈性；拉伸時，麵團則容易斷裂。雖然長時間過度攪拌可能會導致麵團進入破壞階段，但更常見的情況，是因為使用的水溫過高，導致麵團溫度變高而進入此階段。一旦麵筋被破壞，就無法復原。因此建議勿使用此狀態的麵團，直接將其丟棄。破壞階段的麵團容易氧化，風味不佳，烘烤後體積較小，質地也較粗糙。

③ 整理麵團
　表面

在完成攪拌步驟後，需要對麵團進行表面整理。這個過程包含將麵團摺疊、拉伸或滾圓，使其質地變得光滑且具有彈性，同時整理麵團的結構。將麵團表面整理光滑，有助於阻止二氧化碳氣體的溢出，這樣在第一階段的發酵中，能讓麵團膨脹得更加完整且穩定。此外，雖然這個步驟很短，但它對最終的麵團成品至關重要。如果不整理麵團表面，氣體將無法均勻地包覆在麵團內，而會從粗糙的表層滲出，導致發酵狀態不穩定，麵團難以膨脹。

④ 第一次發酵
　（Floor time）

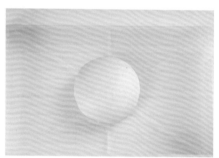

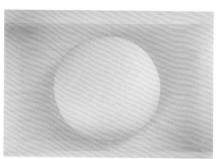

發酵前　　　　　　　　　　　　　　　　發酵後

從攪拌器停止運轉的那刻起，麵團便會開始進行發酵。所謂的「發酵」，是指酵母開始活躍，使麵團充滿二氧化碳而膨脹的過程。如果麵團膨脹不足，製作出來的麵包密度就會偏高、重量偏重，味道也較為單調。麵團的發酵在1~55℃的溫度範圍內都有可能發生，但根據配方的不同，也會有相對應最理想的溫度。含糖量較低的麵團，約24℃左右最為適宜；而含糖量較高的麵團，則約27℃左右較為適宜。

發酵主要分為「第一次發酵」和「第二次發酵」兩個階段。第一次發酵會使麵團變得柔軟且有彈性，方便進行整形。此外，這個階段在製作麵包時，也扮演著「製造香氣」的重要角色。倘若為了加速發酵而過度使用酵母（酵母含量超過麵粉量的5％）或讓發酵的溫度過高，都會嚴重損害麵包的品質。在酒精發酵的過程中，形成的「有機酸」是得以製作出美味麵包的關鍵之一。有機酸會對麵包的風味帶來重大影響，同時也能增加麵團彈性、提高成品的保存度而延緩麵包的老化。

如此重要的有機酸是如何產生的呢？有機酸無法立刻形成。有機酸的形成，與發酵時間長短有密切相關，進行緩慢且長時間的「第一次發酵」，是可以製造出最多有機酸的方法。有些麵包的第一次發酵可能只需要一小時，而有些麵包則需要使用冰箱冷藏來進行緩慢的第一次發酵。在較低的溫度下，進行第一次發酵稱之為「低溫發酵」，由於發酵時間較長，因此「低溫發酵」被視為可製造出最多有機酸的最佳方法。

還有另一種方法，則是直接使用老麵（Old dough）。如果平時很常製作麵包，應該會有一些剩餘的麵團，可將這些剩餘的麵團保存起來，在下次製作新麵團時加進去使用。「使用老麵」，是指將介於第一次發酵和第二次發酵之間的麵團，冷藏保存後拿出來使用。因為有充足的時間發酵，所以會產生豐富的有機酸。不過，若使用的是保存時間過長的老麵，味道可能會變得過酸。因此，若麵團散發出強烈的酸味，請先不要使用。推薦大家老麵的用量，控制在麵粉量的10％到20％之間。

⊕ 在沒有發酵機的情況下發酵的方法

無論是需要大量生產的烘焙店家，還是少量製作的家庭烘焙，通常第一次發酵都會在發酵箱或室溫下進行。然而，這也必須在溫暖的天氣下或有發酵機才能進行。如果是在寒冷的冬天，或者沒有發酵機卻需要發酵，該如何進行呢？這是我在烘焙課或在YouTube上最常被詢問的問題之一。

整體而言，天氣寒冷時即使沒有發酵機，在家裡也能製作出美味的麵包。可使用最基本的烤箱、加熱墊、保麗龍箱等方法。

如果使用的是大烤箱，可以將麵團裝在碗裡、用保鮮膜包覆後，用筷子戳出孔。在碗中倒入大約500ml煮沸的水，這樣烤箱內的溫度就會上升、保持濕度，進而讓發酵的狀態變得穩定；也可以將烤箱預熱至30℃左右，放入麵團後關閉烤箱電源，由烤箱內殘留的餘溫幫助麵團發酵。

使用保麗龍箱的方法與烤箱相同。至於加熱墊，只要先將溫度設定為25～30℃左右，再將麵團放入密封容器中、放在墊子上進行發酵，就能進行充分發酵。

第一次發酵完成的時間點

究竟該如何判斷第一次發酵的完成時間點呢？一般在處理大量麵團的店家，多半會以準確的溫度和時間來判斷，或者由熟練的烘焙師以目測的方式判斷。當然，對技巧熟練的烘焙師傅而言，單憑目測就能準確判斷麵團發酵的狀態；但對新手而言，很難單憑目測判斷出發酵完成的時間點。

通常會根據「麵團膨脹了幾倍」或「在指定的溫度下、發酵了多久時間」，來判斷發酵的狀態。但我個人對家庭烘焙者最推薦的方法，是「手指測試」。所謂的「手指測試」，是將沾有麵粉的手指戳入發酵完成的麵團中，再拔出手指，根據麵團上指痕的收縮程度來判斷發酵的狀態。如果麵團上的指痕只有稍微回彈，表面留有洞口痕跡，便可判斷第一次發酵已經理想地完成了。

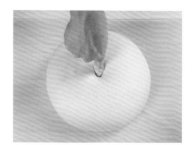

如果是透過麵團膨脹的程度來判斷，則需要確認麵團體積是否有膨脹至2.5～3倍（根據每項產品的差異，有些產品可能需要膨脹到3.5倍）。

還有一種確認的方法，是觀察麵團下方形成的蜘蛛網狀結構。若麵團發酵狀況良好，輕輕撕開麵團就會看見附著在底部的麵團，形成類似蜘蛛網的多條絲狀結構。此時可以判斷第一次發酵已經完成。

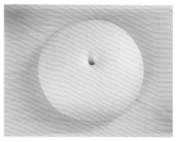

⑤ 分割

麵團發酵完成後，接著要按照產品的需求分割成相符的尺寸。在第一次發酵前，將麵團表面整得平滑，放在工作檯上。為了避免麵團進一步發酵或表面變得乾燥，必須儘快分割麵團。如果分割麵團的速度太慢，最先分割的麵團和最後才分割好的麵團，發酵狀態會有落差，導致麵團的膨脹程度也會不同。假設是右撇子，此時左邊放著料理秤、右手握住刮板，將麵團整至光滑、橫向切割成長條狀。然後左手抓住麵團，右手握住刮板切割出產品所需尺寸，同時確認重量。此時若將麵團切得太小塊，麵團在發酵過程中形成的氣體就會大量溢出，導致滾圓的作業時間變長，麵包的組織會變硬、品質不穩定，靜置發酵的時間也會延長。分割的次數控制在三

次內完成為佳，以一公斤麵粉為標準，建議在10分鐘內分割完成。如果分割的速度太慢，請以保鮮膜覆蓋以防止麵團乾掉。

⑥ 滾圓

滾圓是在分割麵團的同時，將鬆散或變黏糊的麵筋修整掉，藉此形成張力，形塑表面的步驟。此外，滾圓可以排出第一次發酵時產生的氣體，為麵團提供新鮮氧氣、增加酵母的活性，幫助後續的整形作業更加順利。滾圓的目的，是排出麵團中的氣體、形塑光滑的表面。對初學者來說，可能會認為滾圓非常具有挑戰性。在滾圓的過程中，最容易失誤之處就是「使用過量手粉」和「力道過大」。沾上過多的手粉會減弱手和麵團之間的摩擦力，使麵團空轉，導致滾動次數增加；手粉的使用量越多，滾圓的作業時間會變得越長，可能會導致麵包成品的風味和品質下降。如果覺得使用手粉有難度，可以不要直接塗在麵團上，而是先抹在手上。將麵團的光滑面朝上，把黏糊的表面往內推，有彈性地滾動麵團。

此外，力道的掌控也非常重要。過強的力道會使麵團表面過度拉伸、形成的氣體過度溢出，使麵團表面變得粗糙、尺寸也變得過小。如果麵團表面變得粗糙，中間發酵的狀態就無法一致，麵包成品的表面也會不均勻。

滾圓的基本方法，是使麵團的表面和外觀變得光滑、整出圓形，但也可以使用不同的整形方法，整出圓形、橢圓形等適合的形狀。排列滾圓的麵團時，要保持一定的間隔，防止麵團黏在一起。最後，再用保鮮膜或濕布蓋住，以防止麵團變乾。

⑦ 靜置發酵
Bench Time
（中間發酵）

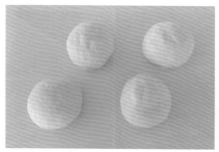 

進行中間發酵前　　　　　　　　　　　　進行中間發酵後

　　可以將「靜置發酵（Bench Time）」想成是「麵團的休息時間」。完成滾圓的麵團，麵筋呈現非常緊繃的狀態，如果立刻進行整形，麵團表面會很容易破裂。因此，需要一些時間舒緩緊繃的麵筋，形成麵團的延展性。此時，為了防止麵團變得乾燥，用保鮮膜或濕布覆蓋麵團是非常重要的動作。靜置發酵以夏季10分鐘、冬季20分鐘為標準，通常放置在室溫下。當麵團的體積膨脹成2倍左右、緊繃的麵團也變得柔軟後，就可將滾圓後的麵團進行後續的操作。

⑧ 整形

　　「整形」如同字面說明，就是塑造出麵包形狀的步驟。不同的麵包產品，整形的方法也各不相同，從只需要「再滾圓一次」來整形的簡單麵包，到使用擀麵棍將麵團推成單峰（一整塊）、捲起整形的麵包，還有需要填充內餡的麵包整形方法等，有各式各樣的手法。

　　整形時需要留意，不要施加過大的力道，以免麵團表面破裂或給予麵團過大的壓力。使用手粉時也需記住，若使用過多的手粉整形，會導致麵包成品的切面凹凸不平、缺乏水分，製作出質地疏鬆的麵包。因此，整形時只需使用適量的手粉，讓麵團不會黏在工作檯上。如果整形得過於鬆垮，麵團在第二次發酵時可能會崩塌，使成品變得扁平。

⑨ 第二次發酵

進行第二次發酵後

在製作麵包的過程中，最後的發酵階段稱為「第二次發酵」，於麵團完成整形後進行，對麵包的最終味道有決定性的影響，因此非常重要。將整形後富有彈性、張力的麵團發酵，使麵團再次擁有延展性並刺激酵母的活性。麵團以這種狀態進入烤箱時，便可烤出最佳的蓬鬆度。

基本上在進行第二次發酵時，甜餐包類的麵團會保持75～80％的濕度；而油炸類的麵團，則會保持60～70％的濕度來進行發酵。油炸類的麵團如果濕度太高，麵團表面會形成過多水分，導致油炸時黏在手上，使辛苦發酵好的麵包形狀受損；過多的水分和油脂相遇，會讓麵包成品的表面變得凹凸不均勻。發酵的溫度以27～35℃為最適宜。

若是糖分含量較低的麵團，發酵溫度就要越低；而糖分含量較高的高配方麵團，則需要以較高的溫度進行發酵。此外，高配方麵團中油脂含量高的布里歐麵團或酥皮類的麵團，需要在30℃以下進行發酵，以防止奶油在高溫下融化。

進行第二次發酵時，除了溫度是關鍵要素之外，膨脹程度也非常重要。通常會讓麵團膨脹至完成品的七～八成大小，麵團則會膨脹至1.5～2倍。這是因為殘留的酵母會隨烤箱的高溫而強烈膨脹，可讓烘烤時的彈漲力（Oven Spring）達到最大值。

如果第二次發酵不足，麵包體積就會很小、表面裂開、顏色不均、密度也會很高。相反地，如果第二次發酵過度，糖分就會減少、烤色較淺，幾乎無法產生彈漲力。體積雖大，但缺乏彈性，麵包組織不規則且散發出酸味，質地鬆散、老化速度快。

⑩ 烘烤

這是製作麵包的最後一個階段，如果此時有所失誤，便會導致整個製作過程必須重新開始。這個步驟非常重要，也是決定麵包風味的最終步驟。

烘烤麵包前，最重要的準備事項是「預熱烤箱」。如果麵團發酵狀態良好，但若等烘烤時才打開烤箱電源，在烤箱溫度持續上升的過程中，麵團會繼續發酵，等到烤箱達到指定溫度時，麵團可能已過度發酵。因此，建議養成習慣，在開始發酵的同時，也要預熱烤箱。通常使用電熱線的烤箱預熱速度較慢，需要提前約30分鐘開啟預熱；而使用熱風循環的對流烤箱（風扇型烤箱），預熱速度相對較快，提前15分鐘開始預熱即可。

將發酵狀態良好的麵團，放入預熱好的烤箱中烘烤時，麵團中的酵母接觸到烤箱熱氣時會急劇膨脹。酵母持續膨脹至麵團內部溫度到達60℃，然後死亡。酵母膨脹後的麵粉結構會因熱力凝固，維持麵包的形狀，並形成麵包表面，而烤溫和時間則有很大的影響。若溫度較低，麵包表面會烤得較厚、顏色較淺；若溫度較高，麵包表面會烤得較薄、顏色較深。雖然烘烤的溫度並沒有一個確定的標準，但它對成品的品質有著重大的影響，因此需要根據麵包的特性和大小來調整烤溫。通常較大的吐司，需要以較低的溫度烘烤較長的時間，以確保麵包內部都能均勻烤熟，也需讓水分大量排出，才能防止麵包塌陷；而甜餐包類的小型麵包，則需要以較高的溫度快速烘烤，以減少水分流失，才能製作出濕潤的麵包。

麵包一出爐時，就要立即施力撞擊。麵包會從外層開始烤熟，中間部分最後才烤熟。在烘烤過程中，水分會往中間移動，並從麵包的表層排出，但完全烤熟的麵包中心通常含有最多水分。此時，將麵包舉起約10cm、往桌面敲打，透過力道的衝擊，將剩餘的水分排出，防止麵包收縮。

⑪ 冷卻　　　　　麵包從烤箱出爐後即開始老化。不同大小的麵包，冷卻速度也不同。像吐司這類大型麵包，需要冷卻約2至3小時；而相對較小的甜餐包，冷卻時間約1小時。「冷卻」這個步驟和製作麵包一樣重要。將熱騰騰的麵包放在冰冷的空間下，冷卻的速度會很快，但水分的移動速度也會加快，導致麵包老化得更快，使麵包表面變得鬆垮。因此，在麵包降溫時，建議選擇通風涼爽的室溫環境；如果麵包並非立刻食用，建議等冷卻後迅速包裝起來。最適合包裝麵包的溫度約為30℃。

書中使用的麵粉

在製作麵包時，不可或缺的元素就是麵粉、水、鹽和酵母。其中最重要的第一種食材就是麵粉。因為使用不同種類的麵粉，麵包的形狀、體積、口感和風味也會產生變化。

麵粉是用小麥胚芽磨成的粉末，在很久之前，師傅通常會自行少量磨粉，但現在大多使用麵粉公司加工製成的麵粉（在某些國家，仍有一些地方堅持手工磨粉的傳統作法）。

國內的麵粉會根據麵麩含量，分為高筋麵粉、中筋麵粉和低筋麵粉。通常高筋麵粉會用來製作麵包，中筋麵粉用於製作麵疙瘩或麵條，而低筋麵粉則用於製作糕點。然而，並不一定得嚴格按照這些標準來製作。例如，使用麵麩含量較高的高筋麵粉製作而成的麵包，延展性很好、口感具有嚼勁，但對某些人而言，可能會認為高筋麵粉製成的麵包不夠鬆軟、黏度太高。因此，根據製作者的需求，比起單用高筋麵粉，有時也可將中筋麵粉或低筋麵粉混進高筋麵粉中，以提高麵包的密度和柔軟的口感。現在就來瞭解一下，本書使用了哪些麵粉吧！

① 高筋麵粉

高筋麵粉是製作麵包時最常用到的麵粉，主要由蛋白質含量較高的硬質小麥製成。在韓國，高筋麵粉的灰分含量約為0.4％，蛋白質含量約為12～14％。與低筋麵粉相比，高筋麵粉的顆粒較粗，用手抓的時候較容易碎掉。（若不確定麵粉是哪一種，就可以用此方法來區分。）用高筋麵粉製作的麵團蛋白質含量高，容易形成麵筋，具有優秀的延展性，適合製作高蓬鬆度的麵包。

② 低筋麵粉

比起用來製作麵包，低筋麵粉更常使用於做蛋糕或餅乾等點心。其蛋白質含量約為7～8％，跟高筋麵粉相比，低筋麵粉的顆粒較細、用手握住時較容易結成團；長時間保存會容易結塊。由於蛋白質含量較低，麵筋形成的速度較慢，與使用高筋麵粉製作的麵團相比，低筋麵粉的麵團更容易裂開、延展性也較差。通常會用來製作菠蘿麵包、圓麵包等麵包表面的裝飾。

③ 法國麵粉

法國麵粉是按照灰分含量分類。以法國麵粉的標準，所謂的「灰分含量」，是指以600℃以上的溫度在熔爐中燃燒10kg麵粉後剩餘的物質。T65麵粉代表剩餘60～65g，T55麵粉為剩餘50～55g，T45麵粉則剩餘40～45g左右。灰分含量高，代表麵粉沒有完全去除麩皮、胚芽等雜質。灰分含量越高的麵粉，製作成麵包時，會散發越濃郁的麥香和獨特的粗糙口感。本書使用的是T65和T55，適量地混合高筋麵粉，打造出口感柔軟又美味的麵包。

④ K Ble-soleil麵粉

參考日本的Ble-soleil麵粉製成的韓國版麵粉。跟一般的高筋麵粉相比，這款麵粉的吸水率高出5～10％左右。是一款麩質結構相對穩定的高級高筋麵粉，蛋白質含量約為12.33％，灰分含量約為0.4％。使用K Ble-soleil麵粉製作的產品，咬起來十分柔軟，很適合製作吐司或布里歐。目前市面上有販售以1kg為單位的小包裝產品，便於在家中使用。

- 本書使用的是韓國熊牌（곰표）高筋麵粉、marubishi（丸菱）K Ble-soleil麵粉、在Bake Plus 網站上販售的艾菲爾鐵塔T55麵粉和TRADITION T65麵粉。

酵母的種類

「酵母yeast」名稱起源於荷蘭語中的「gyst」（意為「煮沸」），指的是「酒精發酵過程中產生的泡沫」。酵母廣泛分布在葡萄皮中，是日常生活中無所不在的微生物。（葡萄經發酵後變成葡萄酒，而產生發酵反應的發酵菌就是酵母。）就連現在呼吸的空氣中，也存在著極微量的酵母。我們之所以單靠麵粉和水就能製作出天然魯邦酵種（levain），正是因為利用了漂浮在空氣中的酵母的緣故。

酵母是實際存在、但肉眼看不見的微生物。如果使用不當，可能會產生意料之外的結果。仔細觀察這個過程時，會發現酵母與多種化學、生物學和物理反應緊密相關，很難完全理解。因此，為了熟練地處理添加酵母的麵團，需要大量的經驗和練習。

書中並無使用發酵種，僅使用商業酵母來製作。聽到「商業酵母」，有些人可能會誤以為並非天然酵母，其實商業酵母是從釀造啤酒的過程中產生的單一酵母菌，與發酵種同樣為天然酵母。不過，以相同面積比較時，商業酵母的菌數比發酵種更多，生產效率和發酵能力十分卓越；與其他材料不同，酵母是活生生的微生物，因此需要水和氧氣，在溫暖的溫度下最為活躍。

酵母基本上會吸食氧氣後進行酒精發酵，然後釋放二氧化碳。這個階段正是麵包發酵的過程，並在這過程中形成麵包的氣孔結構，打造出麵包獨特的風味和柔軟的口感。

商業酵母分為多種類型，包括新鮮酵母、液體酵母、乾酵母、速發乾酵母、冷凍酵母等。從用最基本的「直接發酵法 Straight-Dough Method」製作的麵團、冷凍麵團、糖和油脂含量高的麵團，到糖和油脂含量較低的麵團等，應該從不同的產品需求選擇適合的酵母，才能製作出最優質的麵包。

① 液體酵母
（Liquid yeast）

這是在新鮮酵母生成前，最初期的酵母形態。由於水分含量超過80％，呈現出如同鮮奶油般的質地和形狀，因此也被稱為「Cream yeast」。液體酵母容易與麵團混合，具有優越的發酵能力，但由於水分含量高，酵母的死亡速度快、保存期限較短，作業效能也較差。目前除了被廣泛使用在大規模生產的工廠之外，一般市面上較難找到此產品。

② 壓縮新鮮
　　酵母
（Compressed
fresh yeast）

　　直接培養並萃取烘焙用的新鮮酵母，壓縮製成的酵母塊，又稱為「蛋糕酵母（Cake Yeast）」。為了補強液體酵母「水分含量高、有效期限短且作業效能較差」的缺點，將水分含量降低到60～70％製成了壓縮酵母。目前在市面上可以接觸到的商業酵母中，壓縮酵母是水分含量最高的，保存期限則相對較短，大約為2～3週。

　　此外，由於壓縮酵母需要冷藏保存，販售的分量大，但保存期限相對較短，因此壓縮酵母較少用於家庭烘焙，更常用於店面烘焙。新鮮酵母的優勢在於卓越的風味和良好的發酵耐性，不管是糖和油脂含量高或低的配方麵團都很適合使用。

　　在使用新鮮酵母之前，建議先用手搓碎；雖然也可與粉末食材一同秤量，但將新鮮酵母溶解於水中使用時，才能展現出最棒的發酵力。一般而言，最適合新鮮酵母的是「直接發酵法」或「低溫熟成法」的麵團。雖然也可使用新鮮酵母製作冷凍生麵團，但因為新鮮酵母的水分含量高，在冷凍的低溫下許多酵母菌會死亡，需要將新鮮酵母的量增加1.5～2倍，才能維持相同的發酵力。最好的方法，便是從一開始就選用由JENICO公司生產，對冷凍溫度具有耐受性的新鮮酵母。

③ 乾酵母
（Dry yeast）

　　這是為了彌補「新鮮酵母保存期限較短」的缺點，在製程的最後步驟降低水分含量，藉此延長保存期限所製成的酵母。使用時，可以用新鮮酵母使用量的一半來替代。由於水分含量只有7～8％，因此在未開封的情況下可保存約2年，開封後若有密封、置於乾燥陰涼處，則可保存約3個月。與新鮮酵母不同，乾酵母的酵母菌處於不活躍的休眠狀態，所以需要準備乾酵母用量5倍左右的溫水（約35℃），將乾酵母浸泡溫水10～20分鐘，喚醒休眠中的酵母菌後才能使用。如果省略此步驟，直接使用粉狀酵母，可能無法順利地進行發酵，或者得花更長時間來發酵。此外，與新鮮酵母相比，乾酵母更會散發出酵母特有的強烈獨特風味。這是因為將新鮮酵母乾燥後再次喚醒的過程中，酵母菌死亡的數量會增加，最終需要使用更多的酵母。因此，以美味的訴求來看，乾酵母比不上新鮮酵母。（不過，將乾酵母使用於低溫熟成麵團、中種麵團或波蘭種等前發酵種時，有時會產生比想像中更棒的風味。）

④ 速發乾酵母
（Instant dry yeast）

　　這是為了補強乾酵母的缺點，而製作出來的酵母。與乾酵母不同，速發乾酵母不需在溫水中活化一段時間，可直接以粉末狀態灑在麵粉中使用，省去了繁瑣的步驟。其水分含量約為4～5％，以Saf公司的產品為例，麵粉對比細砂糖的含量為5～8％的高配方麵團，可使用金裝酵母（Gold Yeast），而細砂糖含量低於5％的低配方麵團，則使用紅裝酵母（Red Yeast）。金裝和紅裝的差異在於酵母菌種類，紅裝酵母是由不需要糖仍能很活躍的酵母培養製成的。速發乾酵母在未開封的情況下，可保存2年左右，開封後若有密封並存放於乾燥陰涼處（推薦冷藏或冷凍），則可保存約3個月。與乾酵母相比，速發乾酵母擁有較少酵母的獨特風味；此外，它的保冷性很好，適用於冷藏熟成麵團或冷凍麵團。也可將新鮮酵母使用量的30～40％用速發乾酵母替代；可與麵粉一同秤量再使用，但若將速發乾酵母溶解在水中使用，則可展現出更高的活性。

⑤ 半乾酵母
（Semi dry yeast）

　　這款是補強了乾酵母和速發乾酵母缺點的冷凍乾燥酵母。乾酵母和速發乾酵母的保存期限是開封前2年、開封後約3個月；而半乾酵母不管是開封前或開封後，只要冷凍保存得當，其效力皆可維持2年。由於開封後的使用效期依然很長，非常適合家庭烘焙或小型商用烘焙。其含水量約為25％，使用量和使用方法皆與速發乾酵母相同、效果也一樣。此外，半乾酵母對冷凍有強大的耐受性，它是最適合用於冷凍麵團的酵母。以Saf公司的產品為例，麵粉對比細砂糖的含量為5～8％的高配方麵團，可使用金裝酵母（Gold Yeast），而細砂糖含量低於5％的低配方麵團，則使用紅裝酵母（Red Yeast）。

＊本書使用的是saf公司的「Semi-dry半乾酵母」。

低糖配方麵團專用的紅裝酵母

高糖配方麵團專用的金裝酵母

必要食材和附加食材

水

    水是可以與麵粉最快融合的重要食材，能與麵粉中的蛋白質結合形成麩質等蛋白質。水基本上含有礦物質，根據礦物質的含量，分為硬水、軟水和中度硬水。礦物質含量越高（硬水：地下水、岩層水、海水），麵團的延展性就可能會越弱、彈性越高，容易導致發酵時間延長、完成的麵包體積過度膨脹、往上鼓起或表面裂開；相反地，礦物質含量越低（軟水：經過濾水器過濾的水），麵團的延展性會越高、彈性減弱，容易導致過度發酵，完成的麵包體積也會較小。經常聽到有人在家中烘焙時，使用軟水而讓烘焙成品失敗的狀況。雖然現代製粉技術先進，經常會在麵粉中添加維生素C或豐富的營養素，使用軟水可能不會產生太大的問題，但基本上，軟水並非最適合用於烘焙的水。

    那麼，在烘焙時究竟該使用何種水呢？最適合的水，就是自來水。自來水多屬中度硬水，具有介於硬水和軟水之間的特性。中度硬水能賦予麵粉最適當的彈性和延展性，適合製作品質穩定的麵團。

鹽

    鹽不僅可以為食物整體調味、突顯食材原始的風味，在烘焙方面，鹽也擔任著重要角色：強化麩質，使麵團的組織更加緊密和堅固，同時抑制酵母過度活化，讓發酵的狀態變得穩定。（沒有添加鹽的麵團，混合時間變短、發酵速度加快的原因就在此。）

    市面上販售著各種不同種類的鹽，有些人認為使用優質且昂貴的鹽就能製作出更出色的麵包。然而，我個人認為前述提到的鹽巴功能，比起它的風味呈現更為重要，因此建議使用最基本的鹽之花。鹽的用量通常占麵粉的1.5～2％較適宜，如果使用的是天然鹽，也可調整為1.8～2.4％。

細砂糖

    細砂糖除了替麵包增加甜味之外，還具有吸收水分和保濕的作用，可長時間維持麵包的濕潤、柔軟口感，延緩麵包老化；此外，糖分也會供給酵母所需的養分，作為酵母的食物所殘留的糖分（細砂糖），遇到烤箱中的熱氣後，會引發梅納反應（Maillard reaction，褐變反應），使麵包呈現出鮮明的烘烤色澤。因此，細砂糖的用量多寡，對烘焙成品的影響也很大。

當細砂糖低於麵粉含量的5％時，細砂糖的主要作用是當作酵母的養分，讓麵包成品形成漂亮又細緻的組織，而非僅用來增添甜味；相反地，當細砂糖相對於麵粉的比例高於15％時，會引起麵團的滲透壓作用，阻礙酵母活動。因此，在細砂糖含量超過麵粉含量15％的食譜中，需要將酵母的量增加至10～20％左右，確保麵團能穩定發酵。

雞蛋

雞蛋與細砂糖、油脂一樣，都是在製作麵包時最常用的食材。雞蛋是由脂肪、蛋白質和水分組成。蛋白有10％是由名為白蛋白（Albumin）的蛋白質和碳水化合物組成，其餘約90％的成分是水；蛋黃含有豐富的營養成分和脂肪，其中還包括了扮演天然軟化劑的卵磷脂（Lecithin），幫助油脂和水分充分滲透進麵團中。因此，有添加雞蛋的麵團具有良好的延展性，發酵順利且烘烤時的彈漲力良好，麵包的成品口感柔軟、不易快速老化。

雞蛋用量通常是麵粉量的10～20％之間。至於雞蛋含量偏高的布里歐系列麵團，蛋的含量則可高達60～70％。雞蛋中除了水分之外，還含有固體成分和脂肪，因此可將雞蛋的用量提高至水量的25～35％左右，以調整到適合的濃度。此外，細砂糖和油脂的含量較高時，也可適度提升蛋的含量。而像吐司這類糖分和脂肪含量較低的麵團，若使用過多的蛋，即使調整了比例，麵包成品的口感依然容易顯得乾硬，內部組織也可能會變粗糙。因此，建議一般食譜使用的蛋量勿超過麵粉量的30％。此外，加了雞蛋的麵包烘烤時容易上色，需多加留意不要烤焦了。

牛奶

牛奶在烘焙中發揮多重功用，不僅為麵包帶來香濃的風味、打造出柔軟口感，當牛奶中的乳糖在烤箱與熱氣相遇時，也會產生梅納反應，讓麵包呈現美麗的烤色。此外，牛奶中的蛋白質會強化麵粉中蛋白質的結構，增加攪拌耐性以防止麵團氧化，同時延緩酵母的發酵，讓發酵狀態變得穩定。

牛奶的水分含量約為88％，如果用牛奶代替水，應增量10～12％。然而，增量的同時乳糖和蛋白質也會變多，會造成麵包的烤色變深，建議要同步降低烘烤溫度或縮短烘烤時間。

🍳 用「雞蛋和牛奶」代替水加進麵團的方法

範例）高筋麵粉1,000g、鹽18g、細砂糖80g、新鮮酵母20g、水680g、油脂80g

如果要在上述食譜中，加入110g的雞蛋和400g的牛奶，需要用多少水呢？

① 雞蛋的水分計算

　　110g × 0.75 = 82.5g

　　◆ 雞蛋的水分含量為75％，因此乘以0.75。

② 牛奶的水分計算

　　400g × 0.88 = 352g

　　◆ 牛奶的水分含量為88％，因此乘以0.88。

③ ①和②的總和

　　82.5g + 352g = 434.5g

結果　減去雞蛋和牛奶的水分434.5g外，只要使用剩餘245.5g的水即可。

　　　　（使用配方為「雞蛋110g、牛奶400g、水245.5g」）

脫脂奶粉和	奶粉是將牛奶中的水分去除後，乾燥製成的粉末狀產品，分為含有脂肪的
全脂奶粉	全脂奶粉和去除脂肪的脫脂奶粉。兩者皆可用於烘焙，但若使用的是全脂奶

粉，在製作過程中難以確保脂肪含量穩定，因此通常會使用脫脂奶粉。在製作麵團時，使用脫脂奶粉和牛奶的效果相同，但使用脫脂奶粉時，麵筋結構會更加堅固、膨脹的狀態也更良好。若要將食譜中的牛奶換成脫脂奶粉，只需將牛奶分量的10～12％換成脫脂奶粉，其餘部分用水填補即可；相反地，也可將含有脫脂奶粉的食譜換成牛奶，但麵包膨脹的狀態和外皮口感，可能會與使用脫脂奶粉製作時有所差異。

油脂	在製作麵包時使用的油脂，包括奶油、人造奶油、酥油（shortening）、橄欖油、葡萄籽油等。油脂能讓麵包產生柔軟又濕潤的口感，藉此延緩麵包老化。（這裡提到的「老化」，是指澱粉的老化，也就是當麵粉澱粉中的水分隨著時間蒸發後，最終導致麵包變得乾硬的現象。）此外，油脂也有助於增加麵團的延展性，使麵包具有較好的蓬鬆度，因為在攪拌麵團的過程中，油脂會包覆麩質，使麵團變得柔軟。

從麵團的早期階段就加入油脂，油脂會包覆麵粉、阻礙麵粉吸收水分，進而延緩攪拌的進行速度。一般加入油脂的時間點，會落在「水合階段」後，但根據油脂含量的不同，添加的時間點可能會有所差異。如果油脂含量低於麵粉含量的10%，就算在麵團的早期階段就加入油脂攪拌，也不會有太大的影響；但如果油脂含量超過麵粉含量的10%，建議在「水合階段」加入油脂；油脂含量超過麵粉含量15%以上時，則建議在「完成階段」加入油脂；若是油脂含量高達20～25%的配方，則建議在「水合階段」先加入1/3、在「完成階段」加入1/3、在「最終階段」再加入剩餘的1/3進行攪拌，以確保攪拌速度或麵團的乳化穩定。

本書使用的奶油都是無鹽奶油，發酵奶油的品牌是「Bridel」；精緻奶油（Gourmet butter）的品牌是「Elle & Vire」；製作鹽可頌內餡的奶油是「OSELKA奶油」；橄欖油則使用「L'OLIO DECECCO」的特級初榨橄欖油。

奶油乳酪	不同品牌的奶油乳酪的味道和口感差異很大。味道取決於使用的牛奶種類，而口感則取決於是否含有能凝固乳脂的增稠劑。Kiri奶油乳酪單純以鹽分來凝固，不含增稠劑，而其他牌的奶油乳酪大部分都含有少量增稠劑。

奶油乳酪耐熱性很弱，大約40℃的溫度就會開始內部分離，打發性較低、品質也較差。（含有增稠劑的奶油乳酪耐熱性很高，定型力和打發性很高，適合用來製作麵包。）

本書選擇了CP值高、穩定性優良的ELROY奶油乳酪。下列為經常泛使用在烘焙的奶油乳酪明細，按照硬度（從軟到硬）排列。（若以穩定性排列，則是相反順序。）

柔軟 ————————————————————————→ 偏硬

PHILADELPHIA 奶油乳酪（德國）	Kiri 奶油乳酪	Le Gall 奶油乳酪	ELROY 奶油乳酪	Swiss Valley 奶油乳酪	PHILADELPHIA 奶油乳酪（澳洲）	Anchor 奶油乳酪

烤箱和攪拌機

　　製作麵包的過程中，最重要的工具就是烤箱和攪拌機。使用攪拌機可以更容易處理徒手難以完成的麵團，並提高麵團的品質；而烤箱，則是決定最終成品的重要關鍵。烤箱和攪拌機一旦購買就會長期使用，所以在選擇時，除了考慮價格的合理性，也應考慮機器的性能。本書使用SPAR SP-800攪拌機和UNOX BAKERLUX SHOP.Pro烤箱製作所有的產品。烤箱和攪拌機的品牌或型號，可能會影響麵團的狀態、烘烤時間和溫度，因此建議烘烤前先進行測試，找到適合自己烤箱和攪拌機的烘焙標準。

SPAR SP-800攪拌機

　　這是在小型桌上型攪拌機中非常受歡迎的型號。通常小型攪拌機專為蛋白霜或戚風蛋糕而設計，用來製作麵包麵團可能會感到有些吃力。然而，這個型號的機型，從輕薄的蛋糕麵團到扎實的麵包麵團都可以輕鬆處理。像SPAR攪拌機這樣擁有安全罩配件的型號，可以防止麵粉或液體食材飛濺，非常方便。

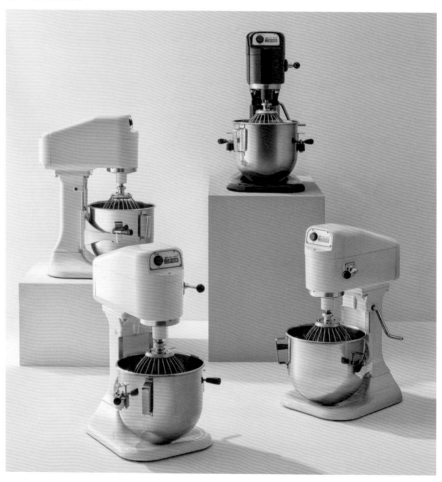

UNOX
BAKERLUX SHOP.Pro Oven XEFT-04HS-ETDP-K

　這款烤箱不僅適合居家烘焙者，也推薦給在經營小型咖啡廳的人。雖然一般人對於對流烤箱烘焙的印象，是容易烤出乾硬的麵包，但這款烤箱有調整風扇速度的功能，可輕鬆烘焙出質地濕潤的麵包。此款烤箱非常耐用，可以使用很長的時間。有些人形容UNOX烤箱的溫度很高，準確地說，與其他類似等級的烤箱相比，UNOX烤箱的熱能損失較少。熱能損失大的烤箱，代表熱能較難均勻地傳遞，如果使用的是這類烤箱，建議在設定溫度時，要比書中提到的UNOX烤箱標準溫度再高10～20℃。這裡提到的攪拌機和烤箱，皆是我親自使用和評比後的心得，希望能在大家選購時有一些幫助。

工作檯　　　雖然有各式各樣的工作檯，但以商業烘焙來說，通常建議使用附有冷藏功能的工作檯或不鏽鋼工作檯；而在小型工作室或家庭烘焙中，建議使用愛爾蘭式餐桌（大檯面的中島餐桌）。

在商業場所中使用的工作檯，推薦使用的尺寸為1200×600×800mm或1500×800×800mm（順序為寬度、長度、高度）。搭配不同的環境或作業人數會使用不同的工作檯，通常單人使用的尺寸為1200×600×800mm以上。

製作麵包時，可使用木頭或聚乙烯材質的工作檯面板；若要製作糕點，則推薦使用大理石工作檯面板。木頭或聚乙烯材質的工作檯，熱傳導率較低，有助於維持麵團的溫度，適合製作麵包；而大理石的熱傳導率較高，適合製作糕點。木頭面板的管理方式較為繁瑣，因此推薦較易打理的聚乙烯或大理石面板。（如果會需要製作糕點和麵包，則推薦使用大理石。）

麵包出爐後，該塗上什麼？

　　大家應該都曾看過陳列在麵包店架上，閃閃發光、令人垂涎三尺的麵包吧！究竟有什麼祕訣，能使麵包表面充滿如此動人的光澤呢？大部分的麵包店會使用以下兩種方法：①在麵包表面塗抹蛋液，並灑上糖漿 ②使用「Easy Glaze」、「Miroir」和「Apricot Fondant」等食品用光澤劑。藉由覆蓋麵包表面的方式，阻止麵包表面的水分蒸發，進而延緩麵包老化。塗抹蛋液或糖漿時，必須在烘烤之前，或等麵包剛出爐、趁熱的時候塗抹。趁麵包還很燙的時候刷上，不但有利於吸收，也能塗抹得薄透又均勻。（如果在麵包冷卻後才塗抹糖漿，麵包就難以吸收糖漿，且在麵包表面留下水珠；若塗抹的是蛋液，則不會出現金黃光澤。）接著，就來瞭解光澤劑之種類和特點吧！

◆烘焙業界推薦的三款光澤劑◆

① Miroir
鏡面果膠

添加了杏桃香味的透明光澤劑，比起用來製作麵包，更常用於製作糕點。裝飾在蛋糕或派塔上的水果，之所以會閃閃發光，都是因為使用了這款光澤劑。現在也被廣泛運用在製作麵包。通常會以5：1的比例，將光澤劑和水混合，有時也會以1：1的比例混合、加熱後使用。若是加熱的狀態，塗抹在已經冷卻的成品上也沒問題。

② Apricot
Fondant

添加了杏桃香味或杏桃果泥的光澤劑。與Mirror不同，Mirror是與水混合後使用，但Apricot Fondant則是與水一起煮沸後再使用。需要煮沸這點，可能會令人覺得有點麻煩，由於是在煮熱的狀態下塗抹，就算麵包已經冷卻了也不成問題。相較於Mirror，此款光澤劑的光澤更為持久，味道也更美味。因此，在許多糕點或貝果等產品中，都會用到它。

③ Easy Glaze

這是近期最常被使用到的光澤劑之一。可替代蛋液，製作出比使用蛋液時更加鮮明閃亮的表面。與前面提到的「Mirror」和「Apricot Fondant」不同，這款光澤劑不需與水混合或煮沸，可直接使用，使用便利為此產品的優勢。（根據不同需求，有時也會添加20％～30％的水進行稀釋）。它被廣泛使用於貝果、甜餐包等產品中，可直接塗抹在烤好的成品上，也可當成蛋液的替代品。建議在麵團整形後塗抹於表面，然後再進行第二次發酵和烘烤。

◆ 推薦給居家烘焙者的三款光澤劑 ◆

　　前面介紹的光澤劑是業界推薦的產品，居家烘焙者使用時，可能多少有些負擔。這邊將介紹居家烘焙者，也能輕鬆使用的光澤劑。

① 糖漿　　　　將細砂糖和水以1：2或1：1的比例秤量後，放入鍋中煮。若在煮的過程中，使用鍋鏟攪拌，細砂糖有可能會結晶化。只需靜置、持續以中火熬煮至砂糖溶解，即可。通常糖漿的比例是「細砂糖：水=1：2」，但對於可頌或丹麥麵包等產品，有時會使用1：1的比例熬煮糖漿，用更濃稠的糖漿包覆麵包。糖漿通常不會用在吐司這類的大型麵包，多用於有表面裝飾、內餡的大型麵包，或者甜餐包。

② 牛奶　　　　在剛出爐的麵包上直接塗上牛奶，也可將牛奶和水以1：1的比例混合；或者將牛奶和糖漿以1：1的比例混合後使用。在剛烤好的麵包上塗抹牛奶時，牛奶的水分會滲透至麵包內部，而牛奶中的乳糖和乳蛋白成分，會替麵包增添光澤。以往的烤箱性能較差，因此經常使用塗抹牛奶的方式，而使用對流式烤箱烘烤麵包時，表面容易變乾，所以仍建議塗抹牛奶保持濕潤感。

③ 蛋液　　　　塗抹蛋液，是從古至今都很常用的方法。如果在蛋液中加入少量鹽，蛋液會攪拌得更均勻，並且可以使用得長久；如果添加細砂糖，麵包的烘烤顏色會更深，但細砂糖在蛋液中不易溶解，建議用糖漿取代細砂糖。

　　本書針對蛋液做了很詳細的解釋，因為我在學校教學、教授烘焙課程或在現場示範時，發現有比想像中更多的人，未能正確使用蛋液。儘管雞蛋看起來很簡單，但若沒有充分瞭解蛋的性質，可能很難正確地製作蛋液。

　　雞蛋的蛋白黏性強，單純攪拌並不容易打散。使用打蛋器將其攪拌均勻固然重要，但攪拌時別只是畫圓圈，而是要畫M字型。以這種方式製作出的蛋液，塗在麵包上能烤出更均勻的顏色。假設雞蛋沒有攪拌均勻，蛋白的繫帶會殘留，導致用濾網過篩後剩餘的量減少、損失的量變多。此外，若未均勻攪拌，塗抹在麵包的部分會斑駁不均；蛋白損失越多，蛋黃的比例就會變高，導致最終呈現的顏色比預期的更深。若將蛋液打得均勻，塗在麵包上時，可以遮蓋整形時沾到的麵粉，也能讓麵包在烘烤時產生褐變

現象，讓麵包成品的烤色更加完美。

　　塗抹蛋液的時間點，也很重要。通常有三個時間點：①整形後立刻塗抹，②第二次發酵完成後塗抹，③麵包出爐後塗抹。這三種方式製作出的成品顏色都各不相同，第一種情況下，使用刷子將蛋液刷在發酵好的麵團上，麵團不會塌陷，且發酵後可以直接烘烤，非常方便。然而，在發酵的過程中，麵團會持續吸收蛋液，導致成品的顏色較淡、光澤也變少。第二種情況，是等麵團表面的水分稍微乾掉時塗上蛋液，由於塗抹蛋液後立即進烤箱烘烤，因此能呈現出漂亮的棕色。但如果在表面水分過多的情況下塗抹蛋液，或是塗抹過多的蛋液，可能會看起來髒髒的。此外，若刷上蛋液時力道過大，可能會導致努力發酵的麵團凹陷，需要多加留意。第三種情況下，等麵包出爐後再塗抹蛋液。只需提前製作好蛋液，即可為麵包帶來許多光澤。唯一可惜之處，就是麵包的烤色可能會比較淡。

　　在上述介紹的方法中，個人最推薦商業烘焙者同步使用第一種和第三種方法（麵團整形後塗抹一次，烘烤出爐後塗抹一次）；而時間較充裕的家庭烘焙者，則建議同步使用第二種和第三種方法（第二次發酵完成後塗抹一次，烘烤出爐後再塗抹一次）。如此一來，不僅可以烤出濃郁且漂亮的烤色，出爐後的麵包也能擁有閃亮光澤。

◯) 製作蛋液

① 使用打蛋器畫出M字型，以鋸齒狀充分打散蛋液。

② 將蛋液總量10%分量的牛奶或水或糖漿，加進去攪拌均勻。

③ 使用細篩網過濾後使用。

• 即使蛋液打得再怎麼均勻，雞蛋繫帶也不會完全消失，因此需要使用細篩網過濾。使用過篩的蛋液，會使成品的顏色更加均勻。

關於烘焙的大小問

Q 1. 如果想用全麥麵粉或裸麥麵粉代替高筋麵粉,該怎麼做?

A 若是全麥麵粉,直接使用與高筋麵粉相同分量的全麥麵粉代替即可。然而,與高筋麵粉不同,全麥麵粉並未經過精緻過程、麵麩含量低,因此攪拌耐性較差。所以,若完全用全麥麵粉取代高筋麵粉的澱粉,請同步減少約5%的水分,或在發酵過程中,施加力道增強麵團的力量,才能製作出具有蓬鬆度的麵包。對於缺乏烘焙經驗的初學者,建議將高筋麵粉和全麥麵粉以1:1或7:3的比例混合使用。

裸麥麵粉的麵麩含量低,難以形成麵團結構。因此,不建議全部都用裸麥麵粉替代,部分替代即可。將麵粉分量的20～30%換成裸麥麵粉,待熟悉作業方式後,再將替代比例增加至50%。

Q 2. 是否可以減少糖量或完全不添加細砂糖?

A 讓我們從麵包製作的概念,來理解細砂糖吧!首先,麵包麵團分成「細砂糖含量低的低配方麵團」以及「細砂糖含量高的高配方麵團」兩種。低配方麵團的細砂糖占麵粉量5～10%以下;而高配方麵團,則是指細砂糖占麵粉量10%以上。

低配方食譜的情況下,細砂糖的主要目的並非為了增加甜味,而是為了麵包的質地和口感。舉例來說,蝴蝶餅的食譜中,細砂糖含量占麵粉分量的2～3%左右,這種糖量可形成細緻的麵包質地,且大部分的糖都會變成酵母的食物被消耗掉,烤好的麵包幾乎沒什麼甜味,僅留下微弱的甜味。因此,不建議減少糖量。

而甜餐包或布里歐系列等高配方麵團,細砂糖含量占麵粉的10%以上,

這樣的糖量除了形成細膩的麵包質地、作為酵母的食物被消耗之外，剩餘的糖量依然足夠讓麵包產生一定的甜味。所以高配方麵團可以減少糖分，但為了不破壞味道的平衡，導致甜餐包和布里歐系列麵包的特色消失，建議減少的糖量要控制在總糖量的30％上下。此外，減去多少糖量，就要記得增加水分，以調整麵團的水分含量。至於介在低配方和高配方麵團中間的吐司類麵團，減少的糖量則應控制在20％上下。

3. 為何都無法攪拌出光滑且有彈性的麵團呢？

手揉麵糰時，技術的好壞影響最大。需要以夠大的力道將麵團的麵筋撕裂並再次揉在一起，要施加足夠的力道，麵筋的發展狀況才會良好。如果力道不足或者揉麵技術不當，可能在麵筋發展之前，酵母就已活化或導致麵團容易氧化。手揉麵團比想像中更需要技術，如果是初學者，建議從200～300g的小麵團開始練習。相較於大分量的麵團，小分量的麵團更容易用手揉動，也更好處理。

若使用的是攪拌機（揉麵機），水的溫度就變得很重要。如果使用溫水，可能會導致麵團在麵筋發展之前氧化，變成像海綿一樣鬆鬆軟軟的狀態。此時，雖然可將麵團拉伸成薄膜，但麵團表面會凹凸不平且容易斷裂。應使用冰涼的水製作麵團，在攪拌的過程中要不斷確認麵團的狀態，藉此製作出光滑而富有彈性的麵團。（每個產品最終的理想麵團溫度都不同，需要考慮這一點再決定水的溫度。）

此外，許多人擔心過度攪拌會毀了麵團，反而導致攪拌不足。以本書使用的SPAR攪拌機為標準，先以低速（1檔）攪拌1～3分鐘，再轉中速（2檔）攪拌8～12分鐘左右，這樣的攪拌時間才足以讓麵筋100％發展。（另外，若揉麵機的麵團勾切面過於鋒利，也可能妨礙麵筋發展。）

4. 若覺得麵團太糊，可以增加麵粉的量嗎？

 直接講結論的話，就是：「不建議增加麵粉」。如書中「攪拌階段（參考p.15）」所介紹的，麵團在攪拌初期尚未形成麵筋，看起來非常糊，此時可能會產生懷疑的念頭：「這樣有辦法製作出好的麵團嗎？」不過，只要花上足夠的時間完成麵團，就會意識到「添加這種程度的水量是正確的啊！」把做好的麵團拿去烘烤後，肯定會更加確信。

如果麵團很糊，通常攪拌和整形都會變得困難。但麵團中的水分越多，麵包的味道就越好、老化也越慢，才能製作出高品質的產品。倘若在麵團中額外添加麵粉，麵團會變得過於濃稠，導致攪拌時間變長，發酵效果不佳，最終會製作出質地疏鬆且老化速度快的麵包。

當然，如果出現麵團變得像粥一樣稀的不合理狀況，很可能是食譜有誤，這是在開始製作麵團前應該先確認的部分。通常，連同水一起添加雞蛋或牛奶，也添加油脂的麵團，含水量（不含油脂）會是麵粉量的65～76％，只要不超過80％就算是正常的食譜。只使用水作為水分的麵團，含水量落在75％內都可視為正常的食譜。至於未添加油脂的法式長棍麵包、巧巴達、佛卡夏等口感偏硬的麵團，根據所使用的麵粉差異，含水量甚至可能超過80％。

 5. 攪拌和免揉（摺疊法）有什麼區別？

 麵筋是在麵粉和水相遇時形成的，當施加物理力道或長時間靜置時，麵筋會發展得更好。免揉法的麵團一般沒有正規的食譜。將所有材料混合，每隔20～30分鐘就進行3～4次的拍打或摺疊，藉此進行發酵。最近除了健康麵包之外，多數的麵包也都可以使用免揉法製作，通常會摺疊3次以完成麵糰。（當麵團的含水量越高、油脂含量越高時，可能會摺疊到4次。）

特別一提，本書所有收錄的食譜也都適用免揉法。儘管「免揉法（no kneading）」在字面上確實是「不和麵」，但其實麵粉和水相遇時就形成了麵團，因此更準確的說法，應為「免攪拌」。「免揉法」不會透過攪拌機施

加物理力道，因此更容易調節麵團溫度，且不會破壞麵團中的類胡蘿蔔素（carotenoid），能讓麵包的味道更棒，成品品質更佳。

此外，使用免揉法還有一個優勢，就是不需要揉麵機也無需投入大量力氣來製作；相反地，跟使用揉麵機攪拌的時間相比，免揉法需要較長的時間，麵團發酵的損失也會更大，算是一個缺點。

 Q 6. 過了一段時間，仍會完成第一次發酵的原因？

 A 　　首先，要檢查麵團的溫度。如果麵團的溫度過低，酵母的活性會減慢，導致發酵能力下降。如果麵團溫度正常，第一次發酵卻一直沒發生，很有可能是酵母本身的問題。

　　因此，應趕快檢查酵母的狀態。檢查的方法，是在溫度為30～36℃、100ml的水中加入5g細砂糖，充分攪拌後，再加入5g酵母，如果酵母被活化，產生氣泡並散發出酸酸的發酵味，就代表是正常的酵母；如果沒有任何變化或變化非常小，則代表酵母死掉了。有時則是因為攪拌不足，導致第一次發酵速度緩慢，這種情況下，應該拍打麵團以增強麵筋，同時排除形成的氣體，使新鮮的氧氣能夠進入，進而提高發酵力。

 Q 7. 剛出爐的麵包表面出現氣泡，是什麼原因？

 A 　　麵包表面不均勻的原因有很多，建議最先要檢查的是「使用的酵母狀態」。如果酵母已經過期或保存不當，可能會導致發酵不穩定，而在麵包表面形成氣泡。此外，麵團表面過於乾燥、麵團溫度過低、第二次發酵的時間過長，或者製作冷凍麵團的步驟有誤等，都可能導致類似的情況發生。

8. 小型家用烤箱能否夠烤出高品質的麵包？

使用單條加熱線的小型對流烤箱烘烤麵包時，常常會遇到一些困難。麵包需要上下均勻傳熱，才能製作出品質均勻的成品。然而，若是下方沒有加熱線的對流烤箱，麵包表層雖然烤得出顏色，但麵包底部卻不會有烤色。因此，為了確保上方的加熱線也能充分預熱至烤箱底部，在烤箱到達預定的預熱溫度後，需要再等待20～30分鐘左右。順道一提，與商業烘焙用的烤箱或高單價的家庭烤箱相比，小型家用烤箱的效能較差、熱能損失較大，建議將溫度設定得比標準溫度高約20℃。

使用小型烤箱烘烤麵包時，一開始可能沒有什麼特別感覺，但隨著製作經驗變多、烘焙實力增長時，就會逐漸感受到烤箱的侷限性，此時就是該考慮更換設備的時機了。儘管小型烤箱在尺寸和價格方面具有優勢，但在作業效能和成品品質方面，仍會有些許不足。

9. 可以使用氣炸鍋來烤麵包嗎？

近年來，氣炸鍋像微波爐一樣在家庭中被廣泛使用，也被視為小型的熱風爐。氣炸鍋的種類，從類似對流烤箱以熱風運轉的產品，到擁有獨立加熱線的產品等，應有盡有。只要善用氣炸鍋，甚至可以用來烤麵包和餅乾。然而，如果一直用於烤麵包，可能會降低氣炸鍋的熱傳導率；而與烤箱相比，氣炸鍋的壓力也較差，因此僅推薦使用於家庭烘焙上。

使用氣炸鍋時，建議將烘烤溫度設定得比一般烤箱高約10℃。但如果是擁有獨立加熱線的氣炸鍋，則建議以相同溫度烘烤即可。

Q 10. 該如何保存麵包成品，才能長久地維持麵包的美味？

 A　　所謂的「麵包老化」，指的是麵粉澱粉失去水分、麵包質地變得疏鬆的過程。首先，水分會從麵包的外皮開始蒸發，然後乾燥的外皮會吸收內部的水分，不斷重複這個過程，最終整個麵包的水分都會蒸發掉，而變得疏鬆。延緩麵包老化的方法，是在麵包出爐後靜置於陰涼處冷卻2小時，再將麵包密封保存。這麼一來，可以在2～3天中維持濕潤狀態，並美味地享用。

　　若想保存更長的時間，建議將密封好的麵包冷凍保存。如果製作的是大型麵包，可以先分裝成每次食用的分量，如此一來，沒吃到的麵包就不需要反覆退冰和切割，同時可避免反覆退冰和結凍對麵包造成的損害。冷凍保存的麵包，靜置於室溫退冰後，可直接食用。稍微加熱一下，吃起來就像剛出爐的一樣美味，大約可保存一個月。

PART 1.

BREAD LOAF

吐司

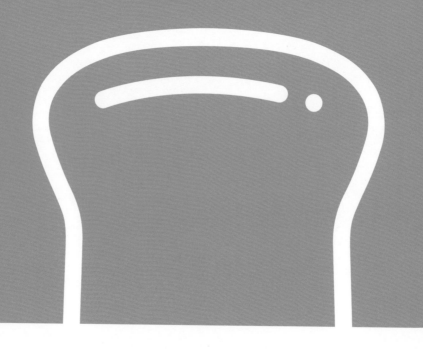

把吐司麵團放入烤模中，烘烤至麵團隆起膨脹。吐司看似簡單，實際上製作起來卻比想像中困難。吐司成品的外觀和內部組織的狀態，取決於如何攪拌和發酵；隨著所使用的麵粉和水分比例的不同，吐司的口感和風味也是天差地遠。以前人們喜歡蓬鬆輕薄的吐司，但現在人們偏愛密度高、質地濕潤的吐司。此章會介紹四種密度高、口感柔軟且濕潤的吐司，無論單吃還是搭配其他附加食材都非常美味。

01.

FRESH MILK BREAD

鮮奶吐司

使用牛奶波蘭種麵團製成的吐司。將麵粉泡在牛奶中發酵一整天至熟成，製作出來的吐司比一般的牛奶吐司更加柔軟與香濃。

| 600g | 2個 | 165℃ | 28～30分鐘 |

PROCESS

→	牛奶波蘭種	18個小時以上冷藏發酵
→	混合	麵團最終溫度25～27℃
→	第一次發酵	27℃/ 75%, 60分鐘
→	分割	200g
→	靜置發酵	室溫10～20分鐘
→	整形	三峰
→	第二次發酵	32℃/ 75%, 50～60分鐘
→	烘烤	165℃,28～30分鐘

INGREDIENTS

牛奶　　　　　　　　300g

◆ 夏天請使用冷藏過的冰牛奶製作；冬天則使用30℃左右的溫牛奶來製作。

酵母（saf 半乾酵母金裝）　3g

K Ble-soleil麵粉　　　300g

◆ K Ble-soleil麵粉可使用高筋麵粉來替代。

....

603g

HOW TO MAKE

牛奶波蘭種 ※

1. 將酵母撒在牛奶中。

TIP 若沒有將酵母分散撒下而是集中在同一處，或在加入酵母後立刻攪拌，很容易凝結成塊，導致後續攪拌過程更加耗時。

2. 等待大約1分鐘，直到酵母完全吸收水分。

3. 待酵母吸收完水分後，即可加入K Ble-soleil麵粉一起攪拌均勻。

4. 用保鮮膜覆蓋調理盆，將調理盆移至溫度5℃以下的冰箱中，發酵18小時以上，再使用。

TIP 波蘭種麵團通常會膨脹至約1.5～2倍，但根據冰箱的溫度或食材的溫度，也可能幾乎不會膨脹。在此使用牛奶製作波蘭種，目的並不是為了充分發酵，而是要使牛奶充分滲透進麵粉中，因此只需放置超過10小時即可使用。若將製作好的牛奶波蘭種放在冰箱裡保存，可使用2天左右。

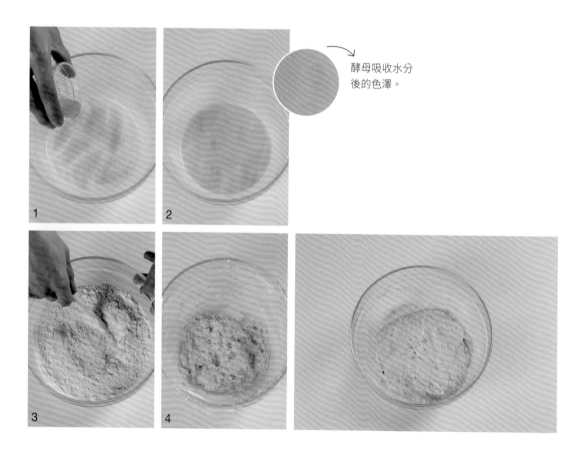

酵母吸收水分後的色澤。

牛奶波蘭種[※]	全部分量
K Ble-soleil麵粉	300g
細砂糖	55g
鹽	9g
酵母（saf 半乾酵母金裝）	6g
蜂蜜	25g
牛奶	185g
奶油	50g

....

1233g

5. 將奶油以外的所有食材放入調理盆中，以低速攪拌約1分鐘，再轉中速攪拌約3分鐘。

TIP 若一開始就使用高速攪拌，會使麵粉四處飛散且浪費材料，所以得先以低速攪拌以防止麵粉飛散。

6. 進入麵團水合階段時（麵團開始在調理盆中形成塊狀的階段），加入奶油，以中速攪拌約8分鐘，打至全發（100%）。

7. 麵團的最終溫度應為25～27℃。

TIP 麵團的最終狀態，應為整體光滑、稍微帶有光澤，用手拉開麵團時，會形成薄且光滑的麵筋膜。此外，最理想的麵團狀態，是就算將麵團拉扯到看得見指紋，麵團也不會裂開。

8. 將麵團修整至表面呈現光滑。

9. 放入麵包箱後蓋上蓋子，防止麵團變得乾燥，放在發酵箱中（27℃，75%濕度）發酵約60分鐘，直到麵團膨脹至原來的三倍左右。

5　6　7

8　9

10. 使用手指測試發酵程度。

TIP 將沾有麵粉的手指戳入麵團，若拔出時麵團稍微回彈但仍留下指痕，即是最理想的發酵狀態。

11. 將發酵好的麵團分成每份200g。

12. 將麵團輕輕滾圓，使表面變得光滑。

TIP 在滾圓的過程中，如果力道過大，可能會導致麵團表面撕裂或變得粗糙。如果麵團表面不光滑，氣體保持力就會下降，發酵效果也會變差。

13. 將麵團放入麵包箱中，蓋上蓋子防止麵團變得乾燥。靜置室溫下約10～20分鐘。

TIP 靜置發酵以夏天10分鐘、冬天20分鐘為準則。通常會在室溫下進行發酵，但如果室內溫度太低，可改在發酵箱或溫暖的空間中進行。

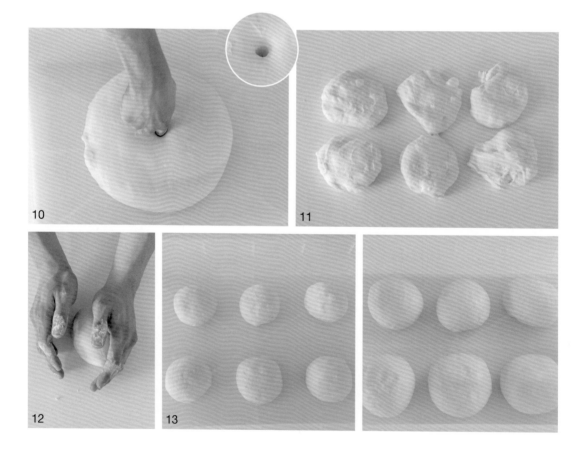

10

11

12

13

14. 完成靜置發酵後，將麵團撒上一些手粉（高筋麵粉），再使用擀麵棍把麵團擀平成長條狀，接著將麵團上下對摺成三層，讓光滑面朝向桌面。

15. 將麵團轉90度後，再次用擀麵棍擀平。為了不讓麵團鬆開，請輕輕地向內收，順順捲起麵團。

TIP 將麵團轉90度後再次擀開，可以使麵團的長度增長，捲起麵團後才能製作出結構更扎實的麵包。

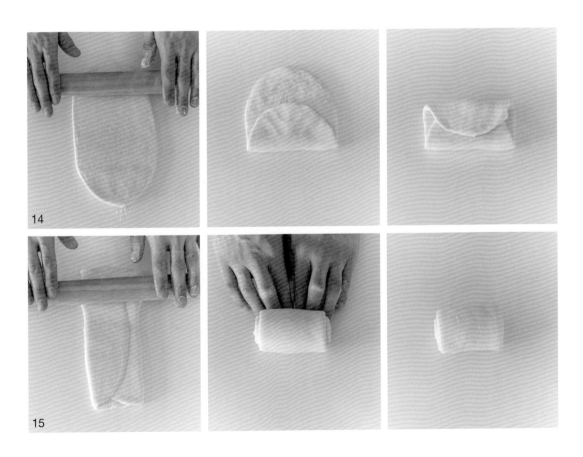

其他

蛋液　　　　　　適量

16. 每個烤模放入三份麵團，擺放時將麵團的接縫朝下，然後用拳頭輕輕按壓。

TIP 此步驟使用的是尺寸10.3×19.5×11.3cm的吐司模具。

17. 放進發酵箱中（32℃，75%濕度）發酵約50～60分鐘，使麵團膨脹至距離模具頂部1cm左右高度。

18. 將麵團表面塗上蛋液，放入預熱至180℃的烤箱，再將溫度調降至165℃，烘烤約28～30分鐘。

19. 麵包一出爐，將烤模往桌面上敲打兩三次，使麵包和烤模分離，移至散熱架上。再次塗抹一層蛋液，使表面充滿光澤。

TIP 無法散出的熱蒸氣會聚集在麵包中央，因此要施力敲打並立刻將麵包從烤模中取出。若沒有先敲打過，麵包內部會有過多的水分移動，造成吐司變形凹陷。

16

17

18

19

完成

02.

MASCARPONE BREAD

馬斯卡彭乳酪
生吐司

生吐司本身不需添加任何配料，單吃也很美味。
在此食譜中，加入了豐富的馬斯卡彭乳酪，製作
出柔軟的口感。由於麵包的脂肪含量高，老化速
度較慢，可以長時間保持質地濕潤的狀態。

600g

2個

165℃

28～30分鐘

PROCESS

→	混合	麵團最終溫度25～27℃
→	第一次發酵	27℃/ 75%, 60分鐘
→	分割	300g
→	靜置發酵	室溫10～20分鐘
→	整形	雙峰
→	第二次發酵	32℃/ 75%, 50～60分鐘
→	烘烤	165℃,28～30分鐘

INGREDIENTS

K Ble-soleil麵粉	460g
T55麵粉	118g
細砂糖	15g
蜂蜜	38g
鹽	9g
脫脂奶粉	20g
酵母（saf 半乾酵母金裝）	8g
鮮奶油	118g
牛奶	262g
冰塊或水	95g

◆ 因為混合時間比較長，建議夏天
　使用冰塊，冬天使用水來製作。

馬斯卡彭乳酪	86g

....

1229g

HOW TO MAKE

麵團

1. 將馬斯卡彭乳酪以外的所有食材放進調理盆中，以低速攪拌約1分鐘，再轉中速攪拌約3分鐘。

2. 進入麵團水合階段時（麵團開始在調理盆中形成塊狀的階段），加入馬斯卡彭乳酪，以中速攪拌約8分鐘，打至全發（100％）。

3. 麵團的最終溫度應為25～27℃。

TIP 麵團的最終狀態，應為整體光滑、稍微帶有光澤，用手拉開麵團時，會形成薄且光滑的麵筋膜。此外，最理想的麵團狀態，是就算將麵團拉扯到看得見指紋，麵團也不會裂開。

4. 將麵團修整至表面呈現光滑。

5. 放入麵包箱後蓋上蓋子，防止麵團變得乾燥，放在發酵箱中（27℃，75％濕度）發酵約60分鐘，直到麵團膨脹至原來的三倍左右。

6. 使用手指測試發酵程度。

TIP 將沾有麵粉的手指戳入麵團，若拔出時麵團稍微回彈但仍留下指痕，即是最理想的發酵狀態。

7. 將發酵好的麵團分成每份300g。

8. 將麵團輕輕捏圓，使表面變得光滑。

9. 將麵團放入麵包箱中，蓋上蓋子防止麵團變得乾燥。靜置室溫下約10～20分鐘。

TIP 靜置發酵以夏天10分鐘、冬天20分鐘為準則。通常會在室溫下進行，但如果室內溫度太低，可改在發酵箱或溫暖的空間進行。

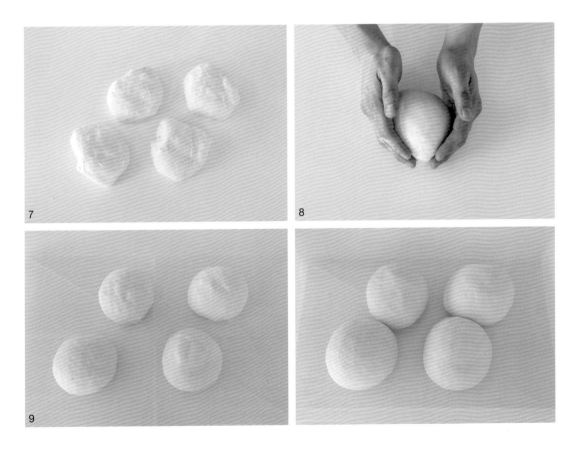

10. 完成靜置發酵後，使用擀麵棍把麵團擀平成長條狀，接著將麵團上下對摺成三層，讓光滑面朝向桌面。

11. 將麵團轉90度後，再次用擀麵棍擀平。為了不讓麵團鬆開，請輕輕地向內收，順順捲起麵團。

TIP 將麵團轉90度後再次擀開，可以使麵團的長度增長，捲起麵團後才能製作出結構更扎實的麵包。

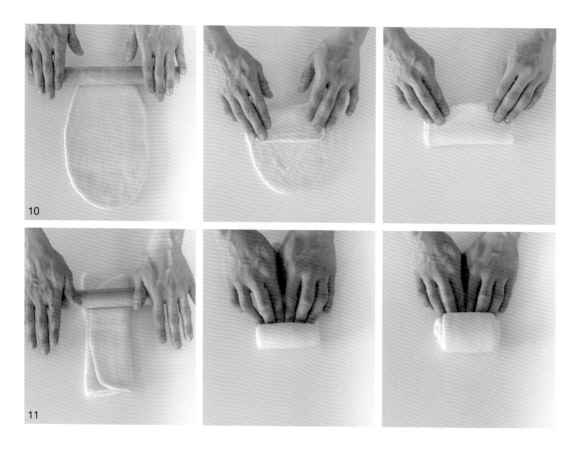

其他

蛋液　　　　　　　　適量

12. 每個烤模放入兩份麵團，擺放時使麵團的接縫處朝下，然後用拳頭輕輕按壓。

TIP 此步驟使用的是尺寸12.5×17×12.5cm的吐司模具。

13. 放進發酵箱中（32℃，75％濕度）發酵約50～60分鐘，使麵團膨脹至距離模具頂部1cm左右高度。

14. 將麵團表面塗上蛋液，放入預熱至180℃的烤箱，再將溫度調降至165℃，烘烤約28～30分鐘。

15. 麵包一出爐，將烤模往桌面上敲打兩三次，使麵包和烤模分離，移至散熱架上。再次塗抹一層蛋液，使表面充滿光澤。

TIP 無法散出的熱蒸氣會聚集在麵包中央，因此要施力敲打並立刻將麵包從烤模中取出。若沒有先敲打過，麵包內部會有過多的水分移動，造成吐司變形凹陷。

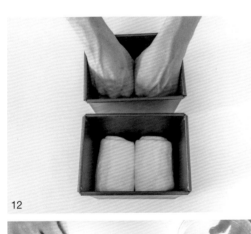

12

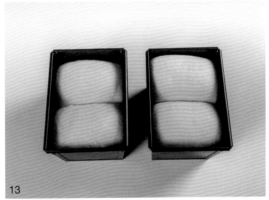

13

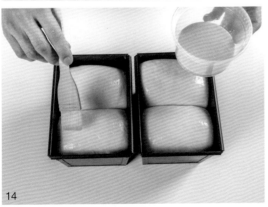

14

15

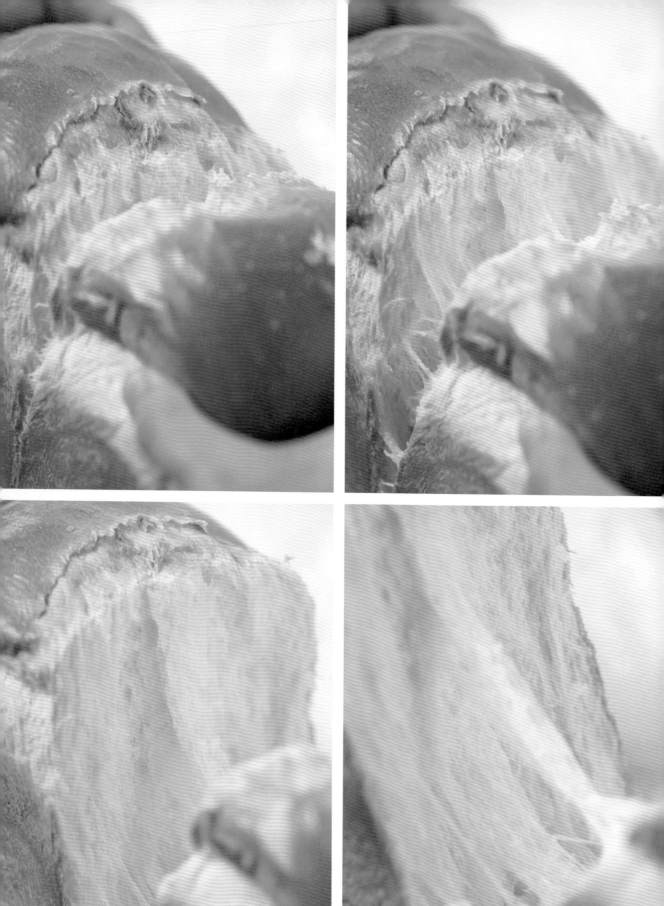

完成

03. 馬斯卡彭乳酪生吐司創意版本

MILK & BUTTER BREAD

牛奶奶油早餐包

這是Haz Bakery實際在販售的商品。將馬斯卡彭乳酪生吐司麵團整形成小小的一顆，再填滿牛奶奶油霜作為內餡製成。口感濕潤的生吐司，搭配感受得到牛奶和奶油濃郁風味的奶油霜。直接品嚐味道也相當美味，但如果在微波爐中稍微加熱10～15秒，奶油會融化，使麵包的口感更加柔軟、濕潤。建議在製作馬斯卡彭乳酪生吐司麵團時，可以將一半製成牛奶奶油早餐包。

| 60g | 12個 | 170℃ | 10～12分鐘 |

PROCESS

→	混合	麵團最終溫度25～27℃
→	第一次發酵	27℃/ 75%, 60分鐘
→	分割	30g
→	靜置發酵	室溫10～20分鐘
→	整形	雙峰
→	第二次發酵	32℃/ 75%, 50～60分鐘
→	烘烤	170℃,10～12分鐘

INGREDIENTS

奶油	220g
脫脂奶粉	30g
煉乳	110g

····················
360g

馬斯卡彭乳酪生吐司麵團
（p.62） 720g

HOW TO MAKE

牛奶奶油霜

1. 將軟化的奶油加入調理盆中，輕輕攪拌開來。

2. 加入脫脂奶粉和煉乳，以中速打發3分鐘，直到顏色呈現乳白色為止。

TIP 在使用牛奶奶油霜前，可先用微波爐短暫加熱，使質地軟化且變得柔順。如果不打算立即使用，建議密封後冷藏保存。

麵團

3. 準備好經過第一次發酵的「馬斯卡彭乳酪生吐司麵團」。

4. 將麵團分成30g一份，輕輕搓成圓形，使表面變得光滑。

5. 將麵團放入麵包盒中，蓋上蓋子防止麵團變得乾燥，在室溫下靜置發酵10～20分鐘。

TIP 靜置發酵以夏天10分鐘、冬天20分鐘為準則。通常會在室溫下進行，但如果室內溫度太低，可改在發酵箱或溫暖的空間進行。

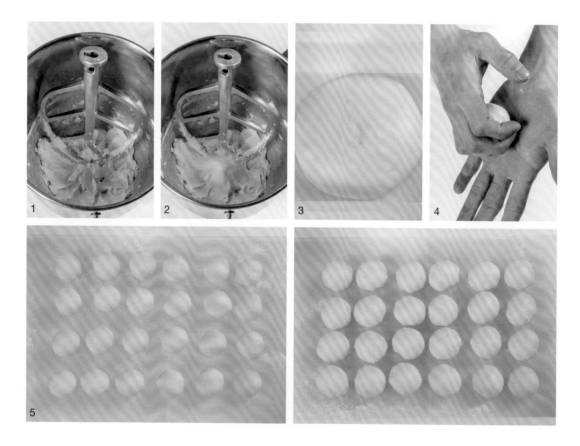

其他

蛋液　　　　　　適量

6. 完成靜置發酵後，重新將麵團滾圓，整成圓形。

7. 將兩個麵團的接縫朝下，放進PLUMPY模具中，輕輕用拳頭壓實。

TIP 這裡使用的是4×8×4cm大小的迷你PLUMPY模具。

8. 放進發酵箱（32℃，濕度75％）中發酵50～60分鐘，使麵團膨脹到模具的高度。

9. 在麵團表面塗抹蛋液，放入預熱至180℃的烤箱中，再將溫度調降至170℃，烘烤約10～12分鐘。

10. 出爐後，立即再刷上一層蛋液，使表面充滿光澤。

11. 使用直徑0.5cm的韓式圓形裱花嘴（801號），將牛奶奶油霜擠入麵團中（一個麵團擠入14g，共28g），麵包表面也擠上剩餘的牛奶奶油霜（每個麵包約2g）即完成。

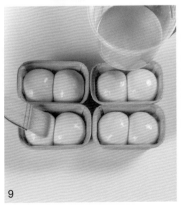

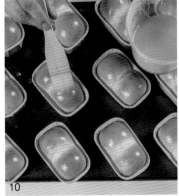

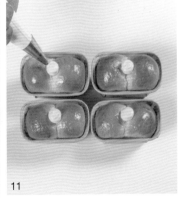

04.

RYE & POTATO BREAD

黑麥馬鈴薯麵包

為了讓不喜歡黑麥特有的粗糙口感和濃烈香氣的人也能放心品嚐，此款食譜添加了馬鈴薯，製作出富有嚼勁又柔軟的口感，散發出麵包濃濃的香氣。這款麵包單吃就很美味，可以趁麵包溫熱時撕開享用，不需另外搭配配料。若稍微烤一下，簡單夾入火腿片和乳酪食用，也是不錯的選擇。

200g

5個

175℃

20～22分鐘

PROCESS

→ 混合	麵團最終溫度25℃
→ 第一次發酵	27℃/ 75%, 30分鐘—摺疊—30分鐘
→ 分割	200g
→ 靜置發酵	室溫10～20分鐘
→ 整形	單峰
→ 第二次發酵	32℃/ 75%, 50～60分鐘
→ 烘烤	175℃,20～22分鐘

INGREDIENTS

蒸煮馬鈴薯	170g
高筋麵粉	345g
黑麥粉（Bob's Red Mill）	77g
細砂糖	58g
鹽	10g
酵母（saf 半乾酵母金裝）	7g
水	135g
牛奶	135g
奶油	58g
烤核桃碎	50g

....

1045g

HOW TO MAKE

麵團

1. 將奶油和烤核桃碎以外的所有食材放入調理盆中，以低速攪拌約1分鐘，再轉中速攪拌約3分鐘。

TIP 馬鈴薯要提前蒸熟、去皮，完全散熱後再使用。

2. 進入麵團水合階段時，加入奶油，以中速攪拌約5分鐘，打至全發（100%）。

3. 麵團的最終溫度大約為25℃。

TIP 麵團的最終狀態，應為整體光滑、稍微帶有光澤，用手拉開麵團時，會形成薄且光滑的麵筋膜。此外，最理想的麵團狀態，就算將麵團拉扯到看得見指紋，也不會裂開。

4. 加入烘烤核桃碎，以低速攪拌1～2分鐘。（p.78）

5. 將麵團修整至表面呈現光滑。

TIP 加入黑麥粉的麵團，麵筋組織較弱，麵團本身的水分吸收率較高、質地較稀軟。因此，可使用刮板整理麵團，避免麵團黏在桌面上，同時使表面變得光滑。

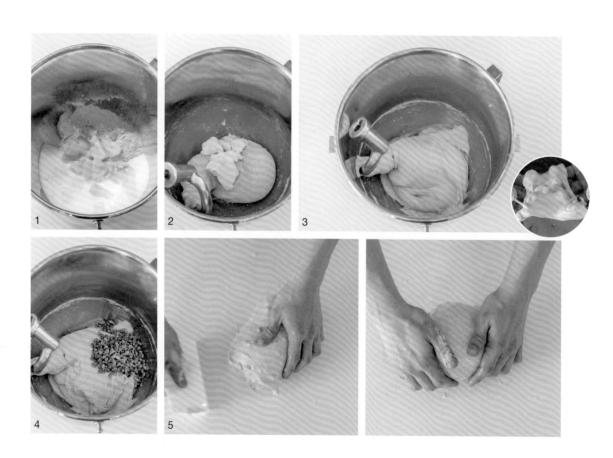

6. 放入麵包箱後，蓋上蓋子防止麵團變得乾燥，放在發酵箱中（27℃，75％濕度）發酵約30分鐘，直到麵團膨脹至原來的兩倍左右。

7. 確認麵團膨脹至兩倍左右後，撒一些麵粉在麵團上，再用手掌輕輕拍打。

8. 將麵團由外向內、上下往中央摺疊後，輕輕按壓，另外發酵約30分鐘。

9. 使用手指測試發酵程度。

TIP 將沾有麵粉的手指戳入麵團，若拔出時麵團稍微回彈但仍留下指痕，即是最理想的發酵狀態。

10. 將發酵好的麵團分成每份200g。

11. 將麵團輕輕捏圓，使表面變得光滑。

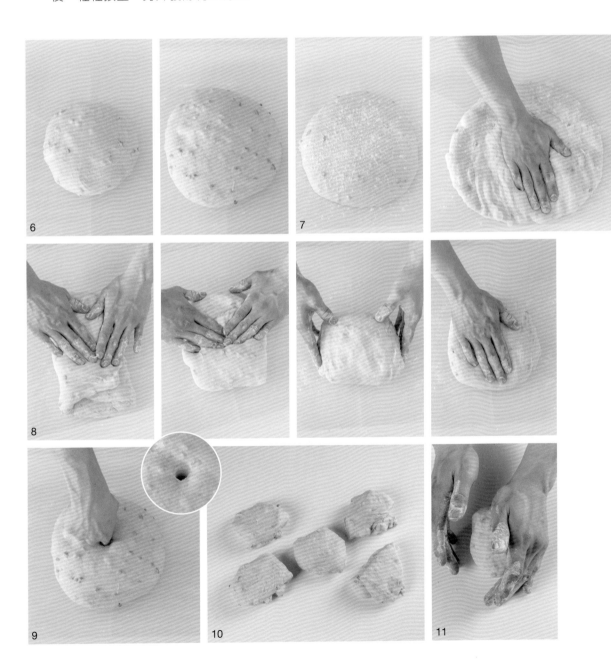

12. 將麵團放入麵包箱中，蓋上蓋子防止麵團變得乾燥。靜置室溫下約10～20分鐘。

TIP 靜置發酵以夏天10分鐘、冬天20分鐘為準則。通常會在室溫下進行發酵，但如果室內溫度太低，可改成在發酵箱或溫暖的空間中進行。

13. 完成靜置發酵後，使用擀麵棍將麵團推成長條狀，再將麵團翻面，光滑面朝向底部，由外向內摺成三褶。

14. 將麵團轉90度後，再次用擀麵棍擀平。為了不讓麵團鬆開，請輕輕地向內收，順順捲起麵團。

TIP 將麵團轉90度後再次擀開，可以使麵團的長度增長，捲起麵團後得以製作出結構更扎實的麵包。

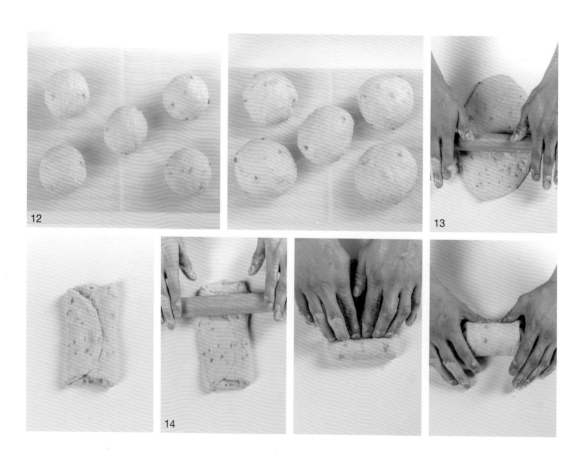

15. 將麵團接縫處朝下，放進吐司烤模中，用拳頭輕輕按壓。

TIP 此步驟使用的是尺寸為15.5×7.5×6.5cm的烤模。

16. 放入發酵箱（32℃，75％濕度）中，發酵約50～60分鐘，直到麵團膨脹至吐司烤模的高度。

17. 在麵團表面撒上黑麥粉（使用食譜配方以外的分量）。

18. 使用樹葉造型刀劃出落葉形狀，再放入預熱至180℃的烤箱中，將溫度調降至175℃，烘烤約20～22分鐘。

TIP 可依個人喜好劃上各種紋路，或不劃上任何紋路也無妨。

19. 麵包一出爐，將烤模往桌面上敲打兩三次，使麵包和烤模分離，移至散熱架上。

TIP 無法散出的熱蒸氣都會聚集在麵包中央，因此要施力敲打並立刻將麵包從烤模中取出。若沒有先敲打過，麵包內部會有過多的水分移動，造成吐司變形凹陷。

15

16

17

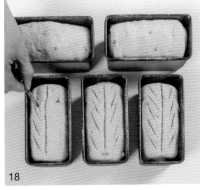

18

19

核桃前置處理

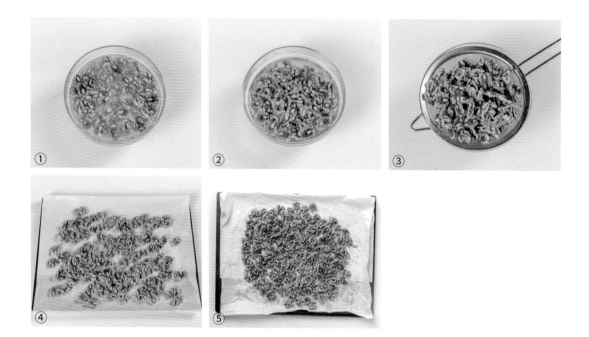

① 用溫水將核桃沖洗乾淨。

[TIP] 此步驟是為了去除核桃殼帶來的苦味，以及殘留於核桃皺褶間的雜質，使核桃的味道更加清爽。

② 更換溫水沖洗4～5次，直到核桃不再有雜質、水呈現清澈的狀態。

③ 放在濾網上10分鐘，徹底濾掉多餘的水分。

④ 將核桃放在鋪有烘焙紙的烤盤上，放入預熱至150℃的烤箱中，烘烤約15分鐘。

[TIP] 每5分鐘將核桃翻面一次，均勻地把核桃烤得酥脆。

⑤ 將烤好的核桃充分散熱後再使用。

[TIP] 與其每次烘焙時都得重新處理一次核桃，不如一口氣製作好足夠的分量保存，使用起來更加方便。在冷藏狀態下可保存1個月，冷凍狀態下則可保存6個月以上。

「黑麥馬鈴薯吐司」的馬鈴薯含量相當高，在高溫烤箱中，馬鈴薯的澱粉會膨脹起來，等冷卻後又會稍微收縮，因此，麵包成品的側面稍微凹陷是一種自然現象。如果希望側面呈現平直光滑的形狀，只需將馬鈴薯的量減半。若減少馬鈴薯的分量，馬鈴薯風味也會減弱，建議先測試一下再斟酌是否需調整。

完成

05.

OLIVE FOCACCIA BREAD

橄欖佛卡夏麵包

這款麵包是以義大利的代表性麵包——佛卡夏（Focaccia）為靈感，製作成吐司的版本。麵包的質地柔軟濕潤，加上有嚼勁的日曬番茄乾，使麵包的風味和口感達到平衡。剩餘的麵包可以密封後冷凍保存，用氣炸鍋加熱後，即可品嚐到如同剛出爐般的絕品麵包。

200g

5個

150℃

20～22分鐘

PROCESS

→	混合	麵團最終溫度25℃
→	第一次發酵	25℃/ 75%, 30分鐘—摺疊—30分鐘
→	分割	200g
→	靜置發酵	室溫10～20分鐘
→	整形	單峰
→	第二次發酵	32℃/ 75%, 50～60分鐘
→	烘烤	150℃,20～22分鐘

INGREDIENTS

T65麵粉	224g
T55麵粉	224g
細砂糖	9g
鹽	7g
酵母（saf 半乾酵母紅裝）	6g
水	314g
橄欖油	44g
....	
	828g

HOW TO MAKE

麵團

1. 將橄欖油以外的所有食材放入攪拌盆中，以慢速攪拌約1分鐘，再轉中速攪拌約3分鐘。

TIP 建議使用特級初榨橄欖油。

2. 進入完成階段時，加入橄欖油，以中速攪拌約7分鐘，打發至全發（100％）。

3. 麵團的最終溫度大約為25℃。

TIP 麵團的最終狀態，應為整體光滑、稍微帶有光澤，用手拉開麵團時，會形成薄且光滑的麵筋膜。此外，最理想的麵團狀態，是就算將麵團拉扯到看得見指紋，麵團也不會裂開。

4. 反覆將餡料摺進麵團中，使餡料均勻混合於麵團中。

TIP 可以在攪拌盆中將餡料與麵團混合，也可移至工作檯上，一邊將餡料加入麵團中一邊作業。然而，若改用攪拌機混合麵團和餡料，可能會導致橄欖裂開，請多加留意。

5. 將麵團修整至表面呈現光滑。

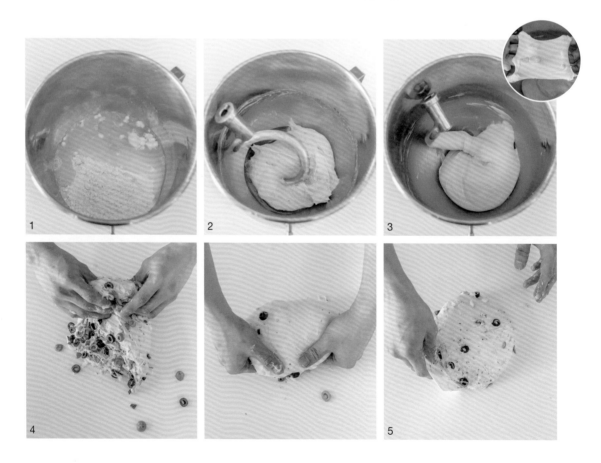

餡料

黑橄欖	70g
綠橄欖	70g
紫洋蔥碎	70g
乾燥迷迭香	2g
乾燥羅勒	2g
....	
	214g

6. 放入麵包箱後蓋上蓋子，防止麵團變得乾燥，放在發酵箱中（25℃，75％濕度）發酵約30分鐘，直到麵團膨脹成原來的兩倍左右。

7. 確認麵團膨脹到兩倍左右後，撒一些麵粉在麵團上，再用手掌輕輕拍打。

8. 將麵團由外向內、上下往中央摺疊後，輕輕按壓，另外發酵大約30分鐘。

9. 使用手指測試發酵程度。

TIP 將沾有麵粉的手指戳入麵團，若拔出時麵團稍微回彈但仍留下指痕，即是最理想的發酵狀態。

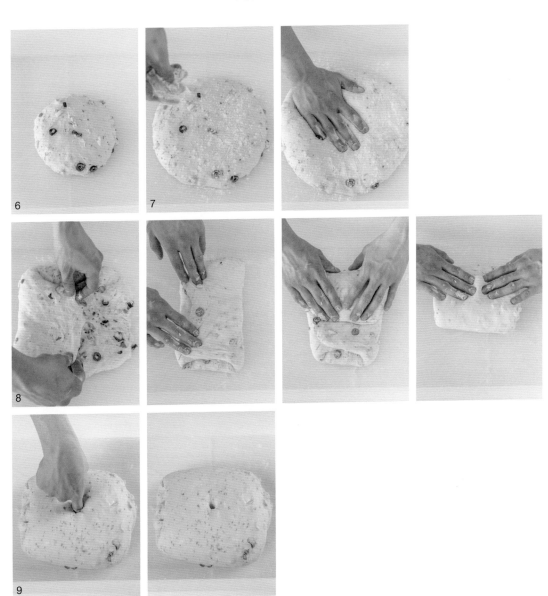

其他

日曬番茄（填充用）	100g
日曬番茄	
（表面裝飾用）	適量
艾曼塔乳酪絲	適量
黑橄欖	適量
綠橄欖	適量
香草	適量

10. 將發酵好的麵團分成每份200g。

11. 將麵團輕輕捏圓，使表面變得光滑。

12. 將麵團放入麵包箱中，蓋上蓋子防止麵團變得乾燥。靜置室溫下約10～20分鐘。

TIP 靜置發酵以夏天10分鐘、冬天20分鐘為準則。如果室內溫度太低，可改在發酵箱或溫暖的空間中進行。

13. 完成靜置發酵後，使用擀麵棍將麵團推成長條狀，將麵團翻面，使光滑面朝向底部。

14. 每份麵團放上切成適當大小的日曬番茄約20g。由上往下捲起麵團。

TIP 整形時，為了不讓麵團鬆開，請有彈性地、順順地捲起麵團。

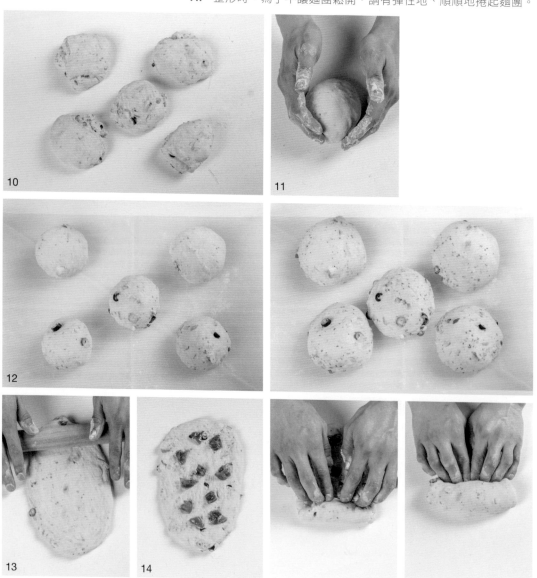

15. 將麵團接縫處朝下，放進吐司烤模中，用拳頭輕輕按壓。

TIP 此步驟使用的是尺寸為15.5×7.5×6.5cm的烤模。

16. 放入發酵箱（32℃，75％濕度）中，發酵約50〜60分鐘，直到麵團膨脹至吐司烤模的高度。

17. 擺上日曬番茄、艾曼塔乳酪絲、黑橄欖和綠橄欖後，再放入預熱至170℃的烤箱中，將溫度調降至150℃，烘烤約20〜22分鐘。

TIP 在放上配料前，可以先灑點水，讓麵團和配料更完整黏合。

18. 麵包一出爐，將烤模往桌面上敲打兩三次，使麵包和烤模分離，移至散熱架上。待麵包散熱後，可依個人口味用香草裝飾，做最後的點綴。

TIP 無法散出的熱蒸氣會聚集在麵包中央，因此要施力敲打並立刻將麵包從烤模中取出。若沒有先敲打過，麵包內部會有過多的水分移動，造成吐司變形凹陷。

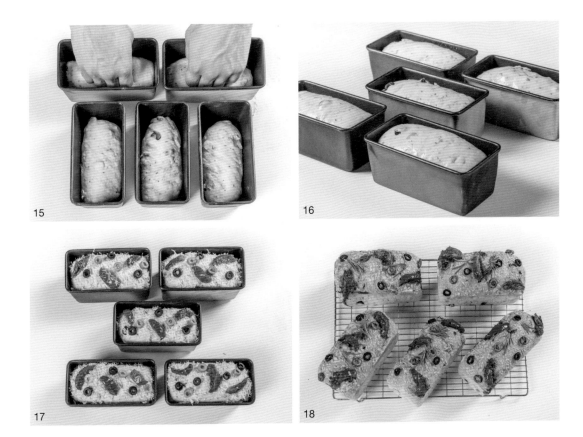

15

16

17

18

PART 2

SALTED BUN

鹽可頌

鹽可頌（海鹽奶油捲）最初是由日本的烘焙師平良聰（Hirata satoshi）研發，在日本獲得熱烈迴響，幾年前開始流行，直到現在，仍在亞洲各地大受歡迎。與原本的鹽可頌像奶油捲一樣，製作成柔軟又有嚼勁的口感，但在傳入南韓後，發展出不同口感、多樣化的鹽可頌（如脆皮鹽可頌）。此章會介紹口感柔軟及表皮帶有裂紋的酥脆口感版本，和以這兩款鹽可頌為基底，加入各種內餡的創意改良版本。

06.

柔軟的鹽可頌

這款鹽可頌以柔順的奶油製成，是在Haz Bakery實際販售的產品。麵包由內到外的質地都很柔軟，且富有嚼勁。越是細細品嚐，內部的奶油風味便越發令人著迷。

| 100g | 10個 | 180℃ | 11分鐘 |

PROCESS

→	混合	麵團最終溫度25℃
→	第一次發酵	25℃ / 75%, 60分鐘
→	分割	100g
→	靜置發酵	室溫10分鐘
→	初步整形	水滴形狀
→	靜置發酵	室溫5～10分鐘
→	整形	鹽可頌形狀
→	第二次發酵	27℃ / 75%, 50～60分鐘
→	烘烤	180℃, 11分鐘

INGREDIENTS

K Ble-soleil麵粉	250g
高筋麵粉	250g
鹽	9g
細砂糖	50g
蜂蜜	15g
酵母（saf 半乾酵母金裝）	6g
牛奶	370g
水或冰塊	40g
奶油	40g

....

1030g

HOW TO MAKE

麵團

1. 將所有食材加入調理盆中，以低速攪拌約1分鐘，再轉中速攪拌大約13分鐘，打發至全發（100％）。

TIP 如果奶油的量占麵粉的量比例低於10％，就算一開始就將奶油與其他食材一起加進去攪拌，也不會對麵筋結構帶來太大影響。

2. 麵團的最終溫度大約為25℃。

TIP 麵團的最終狀態，應為整體光滑、稍微帶有光澤，用手拉開麵團時，會形成薄且光滑的麵筋膜。此外，最理想的麵團狀態，是就算將麵團拉扯到看得見指紋，麵團也不會裂開。

3. 將麵團修整至表面呈現光滑。

4. 放入麵包箱後蓋上蓋子，防止麵團變得乾燥。放在發酵箱中（25℃，75％濕度）發酵約60分鐘，直到麵團膨脹至原來的三倍左右。

5. 使用手指測試發酵程度。

TIP 將沾有麵粉的手指戳入麵團，若拔出時麵團稍微回彈但仍留下指痕，即是最理想的發酵狀態。

6. 將發酵好的麵團分成每份100g。

7. 將麵團輕輕捏圓，使表面變得光滑。

TIP 在捏圓的過程中，如果力道過大，可能會導致麵團表面撕裂或變得粗糙。如果麵團表面不光滑，氣體保持力就會下降，發酵效果也會變差。

8. 將麵團放入麵包箱中，蓋上蓋子防止麵團變得乾燥。靜置室溫下約10分鐘。

TIP 靜置發酵以夏天10分鐘、冬天20分鐘為準則。通常會在室溫下進行發酵，但如果室內溫度太低，可改成在發酵箱或溫暖的空間中進行。

9. 完成靜置發酵後，將麵團整成水滴狀。

10. 將麵團放入麵包箱中，蓋上蓋子防止麵團變得乾燥。靜置室溫下5～10分鐘。

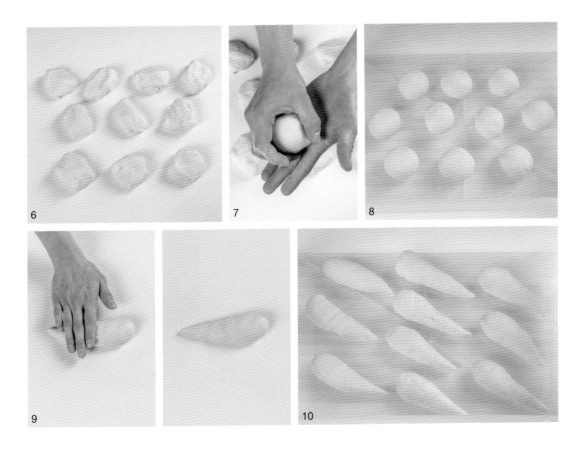

餡料

Oselka Masto Ekstra
無鹽奶油（10g）　　　10塊

◆ 準備10塊分割成10g的Oselka
　 Masto Ekstra奶油。

11. 用擀麵棍將麵團推平成長條狀後，再將麵團翻面，使
光滑面朝下。

TIP 先從上方擀開麵團，然後拉住下方的麵團，讓擀麵棍向下滾
動，將麵團推平成長度約35cm。

12. 放上分割好的無鹽奶油。

13. 由上往下，有彈性地捲起麵團，包覆住無鹽奶油。

14. 將麵團封口處密合。

參考影片學習鹽可頌
的整形方法

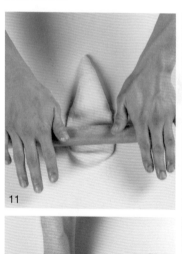

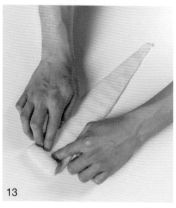

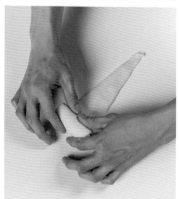

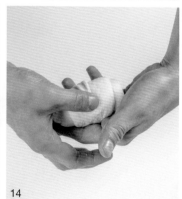

裝飾

海鹽　　　　　　　適量

其他

蛋液　　　　　　　適量

15. 麵團的接縫處朝下，整齊排列麵團。放進發酵箱中（27℃，75％濕度）發酵50～60分鐘，直到麵團膨脹至原來的兩倍。

16. 發酵完成後，用噴霧器噴上一些水。

17. 撒上少量的海鹽後，放進預熱至200℃的烤箱中，將溫度調降至180℃烘烤大約11分鐘。

18. 烤好後立即塗抹蛋液。

TIP 柔軟的鹽可頌可在室溫下保存1～2天。即便是隔夜的麵包，只要製作成三明治的型態，就依然很美味。若希望延長保存時間，建議趁麵包散熱後，立即密封冷凍保存，需要時再用氣炸鍋以160℃加熱約5分鐘，即可品嚐到如同剛出爐般的鹽可頌。

07. 柔軟的鹽可頌創意版本 ①

SOFT SALTED BUN WITH EGG MAYO

雞蛋美乃滋
鹽可頌

柔軟的鹽可頌麵包本身就很誘人，但做成三明治享用更是加分。特別是填入香味濃郁的雞蛋美乃滋沙拉鹽可頌，正是Haz Bakery的人氣商品之一。用來當作早午餐菜單，更是毫不遜色。

| 100g | 6個 | 180℃ | 11分鐘 |

PROCESS

→	混合	麵團最終溫度25℃
→	第一次發酵	25℃/ 75%, 60分鐘
→	分割	100g
→	靜置發酵	室溫10分鐘
→	初步整形	水滴形狀
→	靜置發酵	室溫5～10分鐘
→	整形	鹽可頌形狀
→	第二次發酵	27℃/ 75%, 50～60分鐘
→	烘烤	180℃,11分鐘

INGREDIENTS

洋蔥	36g
大條醃漬甜黃瓜	36g
美乃滋	120g
細砂糖	30g
芥末醬(100%)	12g
鹽	適量
胡椒粉	適量
水煮蛋	500g

....

	734g

HOW TO MAKE

雞蛋美乃滋沙拉

1. 將切碎的洋蔥、大條醃漬甜黃瓜、美乃滋、細砂糖、芥末醬、鹽和胡椒粉加入調理盆中攪拌，製作雞蛋美乃滋醬。

2. 將水煮蛋的水過濾掉，加入步驟1拌勻。

TIP 將550g帶殼雞蛋加入鍋中，加入1大匙鹽和1大匙醋，煮沸15～20分鐘。將蛋浸泡冷水後剝去外殼，再用濾網或手將蛋壓碎。

柔軟的鹽可頌（p.93） 6個

其他

乾燥香芹粉　　　　　　適量

3. 將柔軟的鹽可頌切開約2/3。

TIP 可依個人喜好，或像蟹肉美乃滋鹽可頌（p.101）一樣，從麵包正中央切開填入內餡。

4. 每個麵包填入120g的雞蛋美乃滋沙拉。

5. 撒上乾燥香芹粉，即完成。

3

4

5

08. 柔軟的鹽可頌創意版本 ②

SOFT SALTED BUN WITH CRAB MAYO

蟹肉美乃滋
鹽可頌

用風味酸甜爽脆的手工胡蘿蔔絲，加上拌入雞蛋
美乃滋醬的蟹肉，製作成內餡豐富的三明治。為
香氣撲鼻的雞蛋美乃滋鹽可頌，創造出全新層次
的美味。

100g   6個   180℃   11分鐘

PROCESS

→	混合	麵團最終溫度25℃
→	第一次發酵	25℃/ 75%, 60分鐘
→	分割	100g
→	靜置發酵	室溫10分鐘
→	初步整形	水滴形狀
→	靜置發酵	室溫5～10分鐘
→	整形	鹽可頌形狀
→	第二次發酵	27℃/ 75%, 50～60分鐘
→	烘烤	180℃,11分鐘

INGREDIENTS

胡蘿蔔	200g
鹽	6g
檸檬汁	40g
細砂糖	35g
蜂蜜	10g
胡椒粉	適量
....	
	291g

蟹肉絲	270g
洋蔥	60g
雞蛋美乃滋醬（p.96）	120g
....	
	450g

HOW TO MAKE

胡蘿蔔絲

1. 將胡蘿蔔清洗乾淨，去除水分後再切成細絲。

2. 將切好的胡蘿蔔絲、鹽和檸檬汁，加進調理盆中輕輕拌勻，靜置30～60分鐘醃漬。

TIP 建議靜置一整天後再使用，風味最佳。

3. 使用濾網，將醃漬好的胡蘿蔔絲壓出多餘水分。

4. 將細砂糖、蜂蜜和胡椒粉加入步驟**3**，攪拌均勻，即完成。

蟹肉美乃滋醬

5. 將所有食材放進調理盆中，攪拌均勻。

TIP 請將蟹肉棒順著紋路撕成絲狀、洋蔥切成絲狀使用。

柔軟的鹽可頌（p.93） 6個

其他

乾燥香芹粉　　　　　適量

6. 將柔軟的鹽可頌從中間對切。

7. 每個麵包填入30g的胡蘿蔔絲。

8. 再依序填入70g的蟹肉美乃滋醬。

9. 最後撒上乾燥香芹粉，即完成。

6　　　　　7　　　　　8　　　　　9

09.

脆皮鹽可頌

脆皮鹽可頌的特色，是獨特的表皮裂紋。此食譜可製作出外脆內軟的麵包。脆皮鹽可頌剛烤好時，真的令人回味無窮，但若放涼後再吃，表皮容易變得偏硬。在書中，我研發出新的食譜，讓麵包烘烤後能保持3～5小時的酥脆口感，之後麵包質地則會變得柔軟。

70g

12個

220℃ ⟶ 3分鐘
200℃ ⟶ 15~17分鐘

PROCESS

→	混合	麵團最終溫度25℃
→	第一次發酵	25℃/75%，30分鐘—摺疊—30分鐘
→	分割	70g
→	靜置發酵	室溫10分鐘
→	初步整形	水滴形狀
→	靜置發酵	室溫5～10分鐘
→	整形	鹽可頌形狀
→	第二次發酵	27℃/75%，50～60分鐘
→	烘烤	220℃ 3分鐘，200℃ 15～17分鐘

INGREDIENTS

T55麵粉	450g
高筋麵粉	50g
細砂糖	10g
鹽	10g
脫脂奶粉	15g
酵母（saf 半乾酵母紅裝）	6g
奶油	15g
水	340g

....

896g

HOW TO MAKE

麵 團

1. 將所有食材放入調理盆中，以低速攪拌約1分鐘，再轉中速攪拌約13分鐘，打發至全發（100％）。

TIP 如果奶油的量占麵粉的量比例低於10％，就算一開始就將奶油與其他食材一起加進去攪拌，也不會對麵筋結構帶來太大影響。

2. 麵團的最終溫度大約為25℃。

TIP 麵團的最終狀態，應為整體光滑、稍微帶有光澤，用手拉開麵團時，會形成薄且光滑的麵筋膜。此外，最理想的麵團狀態，是就算將麵團拉扯到看得見指紋，麵團也不會裂開。

3. 將麵團修整至表面呈現光滑。

4. 放入麵包箱後，在發酵箱中（25℃，75％濕度）發酵約30分鐘，直到麵團膨脹至原來的兩倍左右。

5. 當麵團膨脹至兩倍左右時，再撒上麵粉（使用食譜配方以外的分量），輕輕拍打麵團讓氣體排出。

6. 將麵團由外向內、上下往中央摺疊後，輕輕按壓，接著另外發酵大約30分鐘。

7. 用手指測試發酵程度。

TIP 將沾有麵粉的手指戳入麵團，若拔出時麵團稍微回彈但仍留下指痕，即是最理想的發酵狀態。

8. 將發酵好的麵團分割成每份70g。

9. 將麵團輕輕捏圓，使表面變得光滑。

TIP 在捏圓的過程中，如果力道過大，可能會導致麵團表面撕裂或變得粗糙。如果麵團表面不光滑，氣體保持力就會下降，發酵效果也會變差。

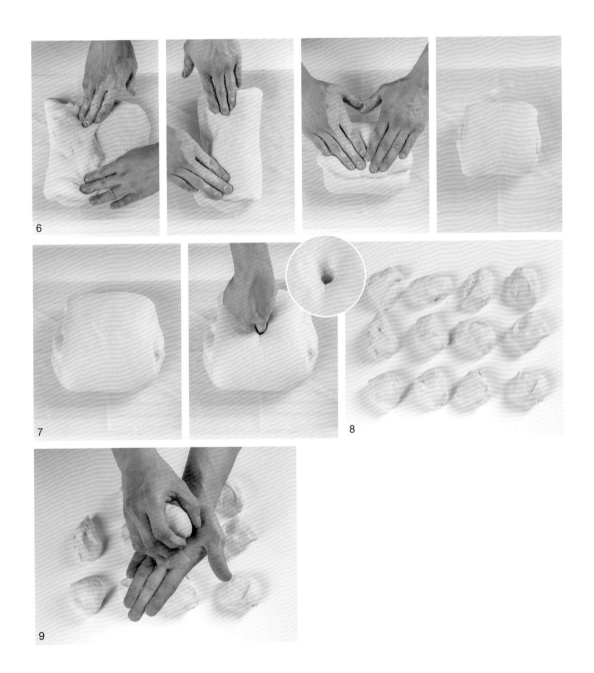

10. 將麵團放入麵包箱中，蓋上蓋子防止麵團變得乾燥。靜置室溫下約10分鐘。

TIP 靜置發酵以夏天10分鐘、冬天20分鐘為準則。通常會在室溫下進行發酵，但如果室內溫度太低，可改成在發酵箱或溫暖的空間中進行。

11. 完成靜置發酵後，將麵團整形成水滴狀。

12. 將麵團放入麵包箱中，蓋上蓋子防止麵團變得乾燥。靜置室溫下5～10分鐘。

13. 用擀麵棍將麵團推平成長條狀後，再將麵團翻面，使光滑面朝下。

TIP 先從上方擀開麵團，然後拉住下方的麵團，讓擀麵棍向下滾動，將麵團推平成長度約35cm。

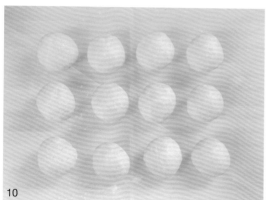

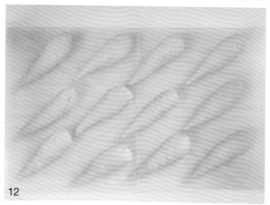

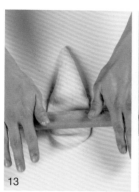

餡料

Oselka Masto Ekstra
無鹽奶油（10g） 12塊

◆ 準備12塊分割成10g的Oselka
　Masto Ekstra奶油。

14. 放上分割好的無鹽奶油。

15. 由上往下，有彈性地捲起麵團，包覆住無鹽奶油。

16. 將麵團封口處密合。

17. 排列麵團時，使麵團的接縫處朝下。放進發酵箱中
　　（27℃，75％濕度）發酵50～60分鐘，直到麵團膨脹至
　　原來體積的兩倍。

18. 發酵完成後，用噴霧器噴上一些水。

14

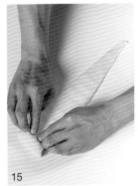

15

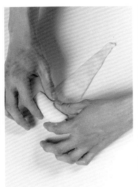

16

17

18

裝飾

海鹽　　　　　　　　適量

19. 撒上少許海鹽後，放進預熱至230℃的烤箱中，將溫度調降至220℃並注入蒸氣，烘烤3分鐘，再調降至200℃，繼續烘烤15～17分鐘。

TIP 若使用的是沒有蒸氣功能的烤箱，請參考右頁。

20. 麵包出爐後，把流在底部的奶油塗抹在麵包上。

TIP 在烘烤麵包的過程中，底部滲出的奶油是水分蒸發後留下的「無水奶油（Ghee）」。將這種奶油塗在麵包上，可阻止水分吸收，維持酥脆的外皮，使麵包產生光澤。

累積在烤盤底部的奶油乳蛋白，燃燒時會殘留黑點，因此在塗抹時要小心，不要將黑點塗抹在麵包上，或可另外煮奶油，製成「無水奶油（Ghee）」後塗抹在麵包上。

21. 過一段時間後，可以看到更清晰的裂紋。

TIP 脆皮鹽可頌在天氣乾燥時，可保持約3～5小時的酥脆口感；天氣潮濕時，則可保持約3小時的酥脆口感。

如果打算長時間保存，建議在冷卻前將麵包密封後冷凍保存。用氣炸鍋以160℃加熱約5分鐘，即可品嚐到有如剛出爐般的脆皮鹽可頌。

19

20

21

使用沒有蒸氣功能的烤箱
烘烤硬質麵包

① 將烤箱預熱至230℃。

② 將麥飯石裝入烤盤中（以Unox烤箱為準，約裝入800g），放進預熱的烤箱，充分加熱30分鐘以上。

[TIP] 若沒有裝入足夠的麥飯石，加水時，可能無法產生大量的蒸氣，溫度就會迅速下降。

加熱麥飯石需要較長的時間，需充分加熱30分鐘以上，才能獲得明顯的蒸氣效果。

③ 將排列好的麵團放入烤箱中，再將100g的熱水倒入加熱過的麥飯石，然後快速關上烤箱。

④ 按照食譜標示的溫度和時間，進行烘烤。

10. 脆皮鹽可頌創意版本 ①

CRACKED SALTED BUN WITH POLLOCK ROE

明太子鹽可頌

微鹹風味的明太子美乃滋醬、香濃的奶油乳酪醬，搭配去除油膩感的蔥和墨西哥辣椒，完成這款味道和諧的美味菜單。

70g   13個   220℃ ⟶ 3分鐘
                          200℃ ⟶ 15~17分鐘
                          170℃ ⟶ 7分鐘

PROCESS

→	混合	麵團最終溫度25℃
→	第一次發酵	25℃/75%, 30分鐘—摺疊—30分鐘
→	分割	70g
→	靜置發酵	室溫10分鐘
→	初步整形	水滴形狀
→	靜置發酵	室溫5～10分鐘
→	整形	鹽可頌形狀
→	第二次發酵	27℃/75%, 50～60分鐘
→	烘烤	220℃ 3分鐘，200℃ 15~17 分鐘
→	表面裝飾後 再次烘烤	170℃, 7分鐘

INGREDIENTS

奶油乳酪   350g
糖粉   35g
顆粒芥末醬   10g
雞蛋   20g

         415g

鹽漬明太子   80g
美乃滋   300g
蛋黃   8g

         398g

HOW TO MAKE

奶油乳酪醬

1. 將軟化的奶油乳酪放進調理盆中,輕輕攪拌開來。

2. 加入糖粉、顆粒芥末醬,一同攪拌。

3. 再將雞蛋加進去,攪拌均勻。

明太子美乃滋醬(可以市售明太子醬汁替代)

4. 將所有的食材加進調理盆中,攪拌均勻。

脆皮鹽可頌（p.108） 13個

其他

洋蔥	130g
墨西哥辣椒	65g
莫札瑞拉起司	195g
乾燥香芹粉	適量

5. 從正中央將脆皮鹽可頌切開。

6. 擠上約30g的奶油乳酪醬。

7. 擠上約30g的明太子美乃滋醬。

8. 放上約10g切成薄片的洋蔥。

9. 夾入約5g切成片狀的墨西哥辣椒。

10. 夾入15g莫札瑞拉起司與明太子美乃滋醬。

11. 將麵包放入預熱至180℃的烤箱，溫度調降至170℃，烘烤約7分鐘。

12. 最後撒上乾燥香芹粉，即完成。

11. 脆皮鹽可頌創意版本 ②

CRACKED SALTED BUN
WITH SWEET RED BEANS & BUTTER

紅豆奶油
鹽可頌

紅豆和奶油很適合夾心在脆皮鹽可頌這類酥脆的麵包中。微鹹風味的鹽可頌，加入甜蜜的紅豆和滑順的奶油，作法十分簡便，又能享受到充滿創意的全新口感。

70g	6個	220℃ ⟶ 3分鐘
		200℃ ⟶ 15~17分鐘

PROCESS

→	混合	麵團最終溫度25℃
→	第一次發酵	25℃/ 75%, 30分鐘一摺疊一30分鐘
→	分割	70g
→	靜置發酵	室溫10分鐘
→	初步整形	水滴形狀
→	靜置發酵	室溫5～10分鐘
→	整形	鹽可頌形狀
→	第二次發酵	27℃/ 75%, 50～60分鐘
→	烘烤	220℃ 3分鐘，200℃ 15～17分鐘

INGREDIENTS

脆皮鹽可頌（p.108）　6個

其他
手工紅豆餡（p.124）　360g
無鹽發酵奶油　　　180g
（巴黎德Bridel）

HOW TO MAKE

紅豆奶油鹽可頌

1. 把脆皮鹽可頌對切或切開2/3。

TIP 如果麵包放隔夜，可以稍微加熱，待冷卻後再使用。

2. 每份麵包塗抹上60g製作好的手工紅豆餡。

TIP 也可使用市售的紅豆餡產品。

3. 放上30g切好的無鹽發酵奶油。

4. 將脆皮鹽可頌蓋好，即完成。

完成

PART 3.

SWEET BUN

甜餐包

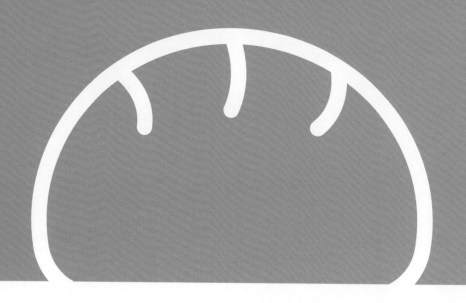

如果是沒有製作過麵包的讀者，可能會對韓式「甜餐包」一詞感到非常陌生。在韓文中，它明明是麵包，卻被加入了「餅乾」這個詞。命名的由來是這款麵包跟餅乾一樣，加入了許多細砂糖和奶油，使得麵包質地既柔軟又美味，不分男女老少、各個年齡層都很愛吃。在韓國麵包店中，最常見的紅豆麵包、菠蘿麵包、奶油小餐包，甚至是可樂餅這類的油炸麵包、香腸麵包、披薩麵包等，都是用同一種甜餐包麵團製作而成的。此章，將會介紹其他地方難以見到的特殊甜餐包麵團食譜，並以此麵團為基底，變化出各種多樣化的菜單。

甜餐包麵團

甜餐包通常使用50g～60g的分割麵團來製作，除了猛瑪麵包（Mammoth Bread）或吐司等面積相對較大的麵包之外。當然，此款麵團的含糖量高，單吃麵包本身就很美味，若搭配有特色的內餡一起食用，美味更上一層。為了不要浪費，通常會將麵團分量訂為50g～60g。雖然將好吃的麵包做得大一點也很棒，但吃到最後可能會覺得很膩，所以建議不要製作得太大份。

甜餐包的基本配方並沒有很嚴格的規定，但通常細砂糖、雞蛋、奶油的用量，會落在麵粉分量的15～25％之間。這三種食材的比例，可依個人喜好進行調整，由於這對麵團和麩質的形成有很大的影響，因此添加的比例不建議過高。若增加細砂糖的分量，就要減少水分；若減少奶油的分量，就要增加水分。建議用這種方式來調整比例，較能完成風格獨特的甜餐包。

甜餐包麵團 一1份的配方

高筋麵粉	1000g
細砂糖	250g
鹽	16g
酵母（saf 半乾酵母金裝）	16g
雞蛋	220g
牛奶	230g
水	230g
奶油	150g
	2112g

甜餐包麵團 一1/4份的配方

◆ 此為用於家庭烘焙的少量配方，小數點後的數字已四捨五入或捨去。

高筋麵粉	250g
細砂糖	63g
鹽	4g
酵母（saf 半乾酵母金裝）	4g
雞蛋	55g
牛奶	58g
水	58g
奶油	38g
	530g

1. 將奶油以外的所有食材加入調理盆中，以低速攪拌約1分鐘，再轉成中速攪拌約4分鐘。

2. 等麵團進入完成階段時，加入奶油，以中速攪拌約7～8分鐘，攪拌至全發（100％）的狀態。

TIP 麵團達到最大彈性，麩質正式形成組織的階段。由於此麵團需要添加大量的奶油，所以應在完成階段添加，這樣就能縮短攪拌時間。

3. 麵團的最終溫度應為25～27℃。

TIP 麵團的最終狀態，應為整體光滑、稍微帶有光澤，用手拉開麵團時，會形成薄且光滑的麵筋膜。此外，最理想的麵團狀態，是就算將麵團拉扯到看得見指紋，麵團也不會裂開。

4. 將麵團修整至表面呈現光滑。

5. 放入麵包箱後蓋上蓋子，防止麵團變得乾燥，放在發酵箱中（27℃，75％濕度）發酵約60分鐘，直到麵團膨脹至原來的三倍左右。

6. 使用手指測試發酵程度。

TIP 將沾有麵粉的手指戳入麵團，若拔出時麵團稍微回彈但仍留下指痕，即是最理想的發酵狀態。

7. 將發酵好的麵團進行分割。

TIP 根據要製作的麵包大小，可將麵團分割成50g、60g或150g。

8. 將麵團輕輕搓圓，使麵團表面變得光滑。

9. 麵團放入麵包盒中，蓋上蓋子以防止麵團乾掉，在室溫下靜置發酵10分鐘，依據不同的麵包產品進行下一個步驟。

TIP 靜置發酵以夏天10分鐘、冬天20分鐘為準則。通常會在室溫下進行發酵，若室內溫度太低，可改成在發酵箱或溫暖的空間中進行。

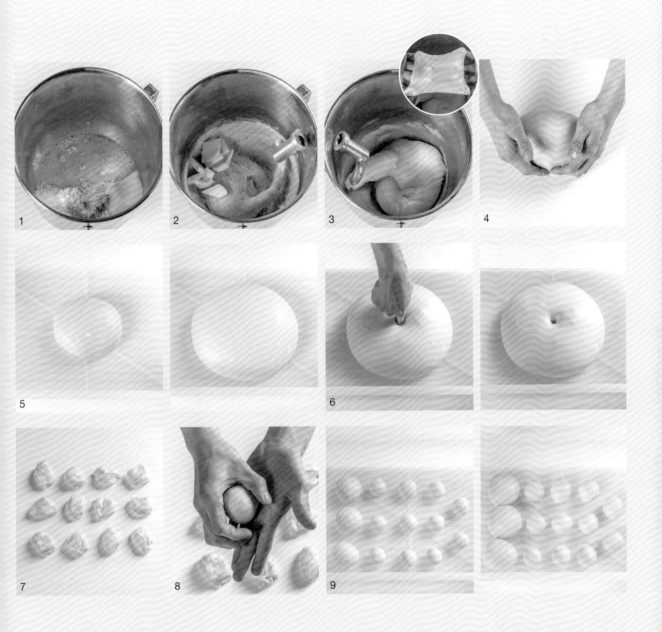

POINT

- 在此介紹的甜餐包麵團，按照「直接發酵法」製作時，將麵團發酵約60分鐘，直到麵團膨脹3～3.5倍。若要作為冷藏或冷凍的生麵團使用，則先發酵約40分鐘，使其膨脹2～2.5倍，然後立即進行分割。將分割後的生麵團，放入冰箱冷藏或冷凍庫中保存。

- 若將生麵團冷藏，可密封保存1～2天。夏天或室內溫度較高時，麵團發酵的速度可能會過快，可在冷凍庫中放置約1小時、讓酵母停止活動，然後再次移至冷藏，需要隨時取出使用。

- 若將生麵團冷凍，新鮮酵母可以保存4天，冷凍狀態下的酵母則可保存2週。建議在使用的前一天晚上，移至冷藏解凍。如果靜置在室溫下或發酵箱中解凍，酵母可能因溫度的急劇變化而死亡，導致麵團風味不佳且發酵力下降，請多留意。

12.

SWEET RED BEAN BUN

甜紅豆麵包

此麵包使用的是手工熬煮的紅豆餡，而非現成的市售產品，讓風味更加迷人。如果覺得製作步驟很繁瑣，直接使用市售的紅豆餡也無妨，但就缺乏了手工自製紅豆餡獨特的風味與香氣，推薦大家有空時可以嘗試製作看看。

50g

6個

165℃

12分鐘

PROCESS

→	混合	麵團最終溫度25～27℃
→	第一次發酵	27℃ / 75%, 60分鐘
→	分割	50g
→	靜置發酵	室溫10分鐘
→	整形	圓形
→	第二次發酵	32℃ / 75%, 30分鐘
→	烘烤	165℃, 12分鐘

INGREDIENTS

紅豆（赤小豆）	500g
水	1500g
鹽	5g
細砂糖	200g
玉米糖漿	50g
蜂蜜	50g

◆ 最終會製作出1300~1400g的
紅豆餡。

HOW TO MAKE

手工紅豆餡 （可使用市售紅豆餡產品）

1. 將紅豆清洗乾淨，把破掉的紅豆和雜質去除掉。

TIP 其中可能會混雜小石頭，因此務必將雜質過濾乾淨。

2. 浸泡在水裡10小時以上（使用配方之外的水）。

TIP 需要充分浸泡紅豆，才能煮出軟爛又美味的紅豆餡。建議在
使用的前一天，將紅豆浸泡在水中，冷藏於冰箱中，第二天
再取出來使用。

3. 將經過充分浸泡的紅豆放入鍋中，加入蓋過紅豆高度
的水（使用配方之外的水）煮沸。

TIP 這個步驟可去除紅豆的苦味，以及可能會引發腹瀉的成分，
因此必須加入分量充足的水。

4. 用濾網將煮過的水分濾掉。

5. 另外加入1500g乾淨的水，再次煮沸。

6. 確認紅豆目前烹煮的狀態，然後將鹽、細砂糖、玉米
糖漿和蜂蜜加入煮沸。

TIP 要先將紅豆充分煮至軟爛再加入糖分。如果在紅豆尚未完全
煮熟前就加入糖，紅豆便無法順利煮熟，成品也會變硬。

其他

烤核桃碎　　手工紅豆餡
　　　　　　10%的分量

7. 煮到像辣椒醬一樣的濃稠度時，即可關火。

8. 將紅豆餡盛入寬大的方盤中，用保鮮膜密封，放置室溫冷卻後，再移入冰箱冷藏30分鐘後使用。

9. 準備好步驟**8**的紅豆餡，以及該紅豆餡10%分量的烤核桃碎，接著混合均勻。

TIP 關於核桃的前置處理和烘烤方法，請參考p.78。

甜餐包麵團（p.120）　300g

甜紅豆麵包

10. 準備好完成靜置發酵的「甜餐包麵團」。

TIP 此步驟使用了分割成各50g的麵團，總共6個。

11. 抹上一些手粉（高筋麵粉），輕輕拍打麵團、使麵團變平整。

12. 每個麵團各放上100g的紅豆餡，利用包餡刀包入紅豆餡。

TIP 若不熟悉包餡刀的使用方法，也可將餡料分割成幾顆小圓球，用擀麵棍將麵團擀成圓形，再將餡料包覆其中。

若在此步驟，沒有將烤核桃碎加入手工紅豆餡中，而是加入一粒糖漬栗子（p.246），就可製作出「栗子紅豆麵包」。

13. 將麵團開口收起，整成圓形。

參考影片學習
紅豆麵包的整形方法

其他

蛋液   適量

裝飾

黑芝麻   適量

14. 整齊排列麵團,使麵團的接縫處朝下。

15. 在麵團表面塗抹蛋液。

16. 在麵團中央撒上黑芝麻。

17. 放入發酵箱(32℃,75%濕度)發酵30分鐘。

18. 放入預熱至180℃的烤箱,溫度調降至165℃,烘烤約12分鐘,取出後再塗抹一層蛋液,使其更富有光澤。

TIP 像甜餐包這類小型麵包,應使用高溫快速烘烤,才能保持濕潤口感。

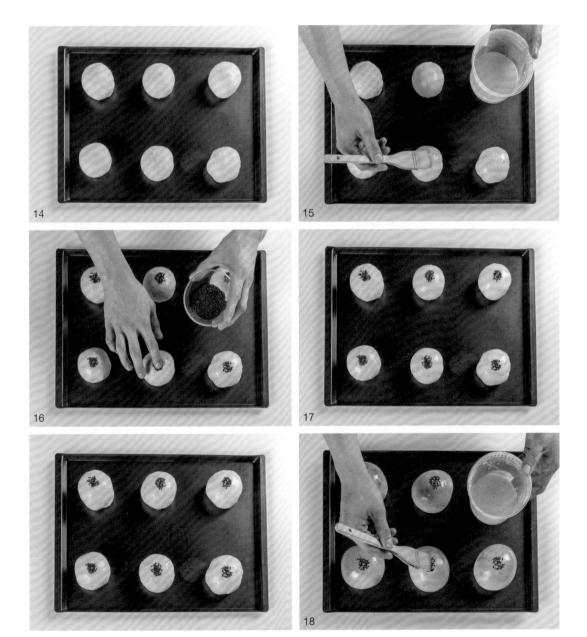

13.

SOBORO BUN

菠蘿麵包

菠蘿麵包在日本被稱為「哈密瓜麵包」，而在韓國則被稱為臉上有傷疤的「麻花臉麵包」。菠蘿麵包最初是在日本受到德國的酥菠蘿（streusel）啟發，製作而成的，但普及程度卻不如韓國。本食譜使用花生奶油製作酥波蘿，增添了甜美又香濃的風味，吃起來清爽不甜膩，很適合製作成甜餐包的形式。

| 50g | 6個 | 200℃ | 10分鐘 |

PROCESS

→	混合	麵團最終溫度25～27℃
→	第一次發酵	27℃/ 75%，60分鐘
→	分割	50g
→	靜置發酵	室溫10分鐘
→	整形	圓形
→	第二次發酵	32℃/ 75%，50～60分鐘
→	烘烤	200℃，10分鐘

INGREDIENTS

奶油	100g
花生醬	20g
細砂糖	120g
玉米糖漿	10g
雞蛋	22g
低筋麵粉	200g
杏仁粉	20g
發粉	3g
小蘇打	2g
杏仁片	20g

....

517g

HOW TO MAKE

酥菠蘿（streusel）

1. 加入軟化的奶油和花生醬，攪拌至呈現滑順狀態。

2. 加入細砂糖和玉米糖漿，以中速攪拌約2～3分鐘，直到顏色稍微變亮、呈現乳白色。

3. 將蛋液分成兩到三次倒入，打至八成發（80％）。

4. 將過篩的低筋麵粉、杏仁粉、發粉和小蘇打一同移至工作檯上混合。

TIP 也可使用圓形刮板在調理盆中攪拌混合。

5. 使用刮板如同切東西般，切拌混合。

6. 混合得差不多時，改用雙手輕輕攪拌混合。

7. 加入杏仁片拌勻。

8. 使用前，再用手拌成酥菠蘿的狀態。

TIP 如果不需要立即使用，可以先攪拌至80％，密封後冷藏保存。使用前再徹底攪拌至100％。

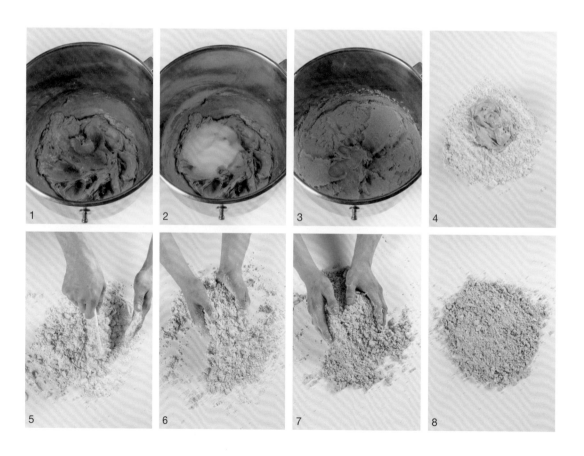

甜餐包麵團（p.120） 300g

其他
蛋液　　　　　　　適量

菠蘿麵包

9. 準備好完成靜置發酵的「甜餐包麵團」。

TIP 此步驟使用了分割成各50g的麵團，總共6個。

10. 將麵團有彈性地滾動，整成圓形。

11. 在麵團表面塗抹蛋液。

TIP 要連麵團的側面都塗抹到蛋液，才能夠均勻地沾滿酥菠蘿。

12. 將麵團沾有蛋液的那面，裹上酥菠蘿。沒有沾到蛋液的那面，也放上約15～20g的酥波蘿，並用力按壓。

TIP 在沒有沾上蛋液的那面麵團也放上酥波蘿，是為了避免麵團黏在手上，同時可附著更多的酥波蘿，使成品更加美味。

13. 把沾滿酥菠蘿的麵團整形成立體的圓球狀。

參考影片學習酥菠蘿的製作過程和整形方法

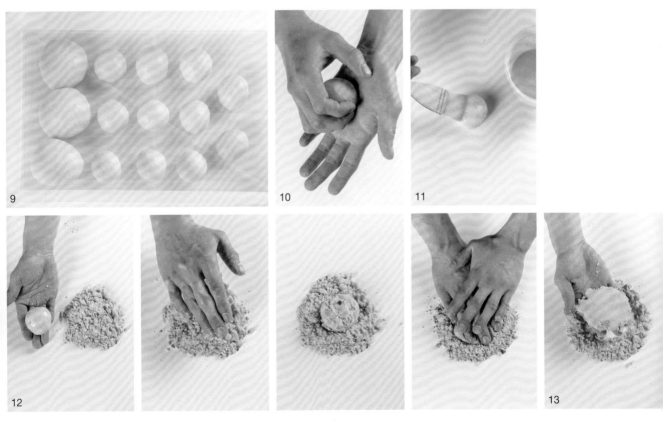

14. 擺放麵團時，將沾滿酥菠蘿的那面麵團（塗抹蛋液並沾滿酥菠蘿的部分）朝上。

15. 放置於發酵箱（32℃，75％濕度）中發酵約50～60分鐘，使麵團膨脹至約兩倍大小。

16. 放入預熱至220℃的烤箱，溫度調降至200℃，烘烤約10分鐘，放在散熱架上冷卻。

TIP 像甜餐包這類的小型麵包，必須用較高的溫度、較快的速度迅速烘烤，才能保留濕潤口感。

14

15

16

完成

14.

CUSTARD CREAM BUN

卡士達奶油麵包

使用香甜卡士達奶油製成的基本甜餐包麵包。卡士達奶油的英文為「Custard Cream」，法文則是「Crème pâtissière」。卡士達奶油的特色，是質地厚實柔軟，且蘊含香草籽的香氣，非常適合用來製作糕點，與甜餐包更是絕配。此食譜是將麵團整形成橢圓形，並在麵包中央擠上一條奶油，也可依據個人的喜好，製作成圓形或橢圓形的樣子，甚至可將麵團推平後摺疊成一半。

| 50g | 8個 | 170℃ | 10分鐘 |

PROCESS

→	混合	麵團最終溫度25～27℃
→	第一次發酵	27℃ / 75%, 60分鐘
→	分割	50g
→	靜置發酵	室溫10分鐘
→	整形	橢圓形
→	第二次發酵	32℃ / 75%, 50分鐘
→	烘烤	170℃, 10分鐘

INGREDIENTS

牛奶	500g
香草莢	1根
蛋黃	108g
細砂糖	110g
低筋麵粉	50g
玉米澱粉	15g
奶油	25g

....

808g

◆ 最終會製作出550~600g分量
的卡士達醬。

HOW TO MAKE

卡士達奶油

1. 將牛奶和香草籽倒入鍋中加熱。

TIP 香草莢縱向剖半，刮出香草籽。將香草籽與外莢一起使用。

2. 將蛋黃和細砂糖加入調理盆中，輕輕攪拌均勻。

3. 將過篩的低筋麵粉和玉米澱粉加入步驟2中，攪拌至呈現乳白色。

4. 等步驟1煮至溫度達80℃時，分次加入步驟3中拌勻。

5. 將步驟4進行過篩。

TIP 過篩去除香草籽的纖維和雞蛋繫帶等物質，才能製作出更加柔順的鮮奶油。

6. 再次移至鍋中，持續加熱攪拌，以中火煮至呈現濃稠狀態。

7. 一開始會很濃稠，然後又變稀，之後再次變得濃稠，最後才會變成滑順的狀態。此時，可以關火加入奶油，持續攪拌至奶油融化。

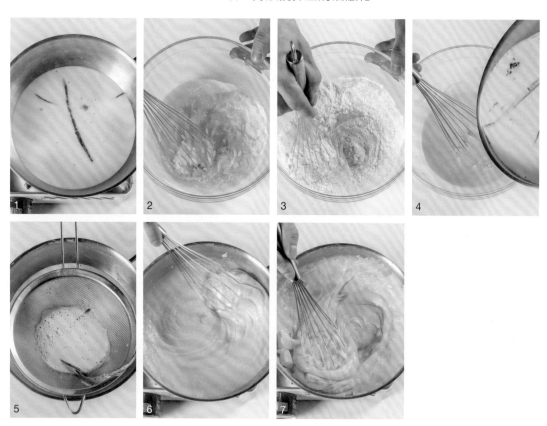

8. 盛至寬大的方盤中，用保鮮膜密封，放置室溫冷卻後，移至冷凍庫中冷藏30分鐘後再使用。

TIP 由於卡士達奶油含有大量的雞蛋和牛奶，所以容易變質。要盡快將溫度調降至微生物不再活躍，以防止變質。因此，快速冷卻是一大關鍵。

卡士達奶油麵包

甜餐包麵團（p.120） 400g

9. 準備好完成靜置發酵的「甜餐包麵團」。

TIP 此步驟使用了分割成各50g的麵團，總共8個。

10. 把麵團推成橢圓形後翻面，讓光滑面朝下。

11. 用刮板將卡士達奶油輕輕攪拌開來，裝進擠花袋中。

12. 在每個麵團擠上各70g的卡士達奶油。

13. 麵團開口收起，將接縫處壓合後，整成橢圓形。

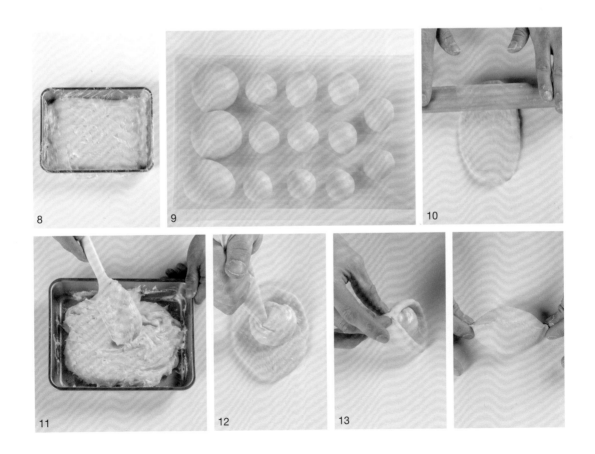

其他

蛋液　　　　　　　適量

14. 麵團的接縫處朝下擺放。

15. 置於發酵箱（32℃，75％濕度）中發酵約50分鐘，使麵團膨脹至約兩倍大小。

16. 在麵團表面塗抹蛋液。

17. 每個麵包擠上一條約5mm厚的卡士達奶油。

18. 放入預熱至180℃的烤箱，溫度調降至170℃，烘烤約10分鐘，再塗抹一層蛋液使麵包更有光澤。

TIP 像甜餐包這類的小型麵包，必須用較高的溫度、較快的速度迅速烘烤，才能保留濕潤的口感。

完成

15.

CHIVE BUN

韭菜麵包

由滿滿的韭菜、雞蛋和火腿製成的料理麵包，甚
至可以當成一頓完整的正餐來享用。在口中瀰漫
的韭菜香氣非常誘人！比起牛奶，搭配柳橙汁或
美式咖啡可能會更加清爽。

| 50g | 6個 | 170℃ | 10分鐘 |

PROCESS

→	混合	麵團最終溫度25～27℃
→	第一次發酵	27℃/75%，60分鐘
→	分割	50g
→	靜置發酵	室溫10分鐘
→	整形	橢圓形
→	第二次發酵	32℃/75%，50分鐘
→	烘烤	170℃，10分鐘

INGREDIENTS

韭菜	80g
水煮蛋	180g
火腿	45g
鹽	適量
胡椒粉	適量
美乃滋	67g
	....
	372g

HOW TO MAKE

韭菜餡

1. 將韭菜徹底清洗乾淨，去除水分後切成1～1.5cm的段狀。

2. 將水煮蛋搗碎至細末狀，火腿則切成0.5cm的丁狀。

3. 完成的步驟**1**和步驟**2**放入碗中，再加入適量的鹽、胡椒粉和美乃滋攪拌均勻。

TIP 韭菜餡可以拌勻後立即使用，若靜置冰箱20～30分鐘後再使用，風味更佳。如果需要保存超過半天，韭菜餡容易產生過多水分，因此建議先將食材分開保存、不要拌勻，使用前再進行攪拌。

甜餐包麵團（p.120） 300g

4. 準備好完成靜置發酵的「甜餐包麵團」。

TIP 此步驟使用了分割成各50g的麵團，總共6個。

5. 抹上一些手粉（高筋麵粉），輕輕拍打麵團、使麵團變平整。

6. 每個麵團各放入60g的韭菜餡，使用包餡刀均勻包入韭菜餡。

7. 麵團開口收起，並整成橢圓形。

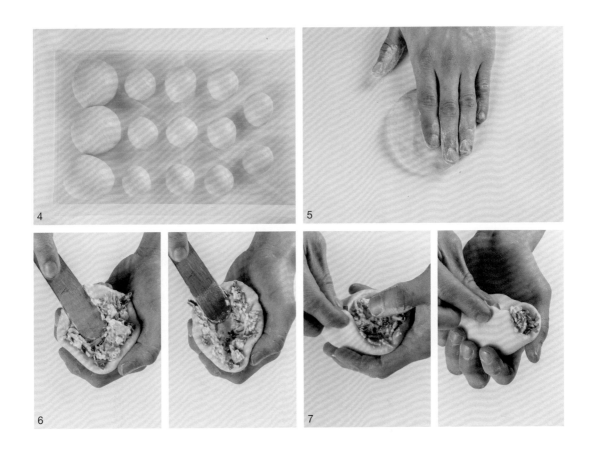

其他

蛋液	適量
白芝麻	適量

8. 麵團的接縫處朝下擺放，用剪刀於麵團表面劃出三道刀痕。

TIP 劃刀痕的目的，是為了在烘烤過程中，讓食材中的殘餘水分順利排出。

9. 在麵團表面塗抹蛋液。

10. 撒上白芝麻。

11. 置於發酵箱（32℃，75％濕度）中發酵約50分鐘，使麵團膨脹至約兩倍大小。

12. 放入預熱至180℃的烤箱，將溫度調降至170℃，烘烤約10分鐘，放在散熱架上散熱。

TIP 像甜餐包這類的小型麵包，必須用較高的溫度、較快的速度迅速烘烤，才能保留濕潤的口感。

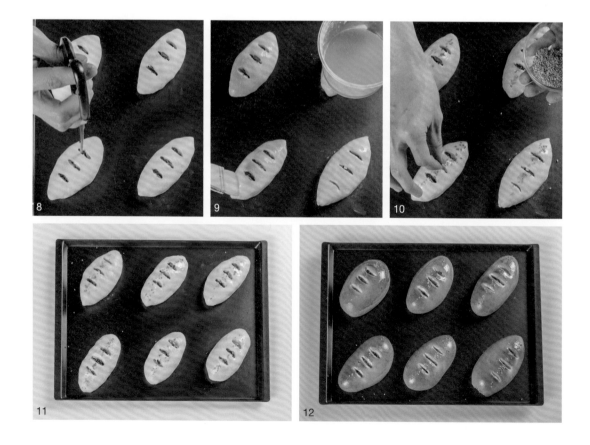

完成

16.

哈密瓜麵包

在麵包表皮畫上格子紋路，讓人聯想到哈密瓜，因此取名為哈密瓜麵包。有些麵包店會將內餡製作成哈密瓜口味的鮮奶油，但在此食譜中，使用了哈密瓜醬來製作，讓人透過麵包的味道和外觀，聯想到夏季的香甜哈蜜瓜。

| 50g | 7個 | 160℃ | 14～15分鐘 |

PROCESS

→	混合	麵團最終溫度25～27℃
→	第一次發酵	27℃/75%,60分鐘
→	分割	50g
→	靜置發酵	室溫10分鐘
→	整形	圓形
→	第二次發酵	32℃/75%,30～40分鐘
→	烘烤	160℃,14～15分鐘

INGREDIENTS

低筋麵粉	260g
糖粉	100g
奶油	70g
雞蛋	55g
哈密瓜醬	40g
....	
	525g

HOW TO MAKE

哈密瓜麵包表皮

1. 將過篩的低筋麵粉、糖粉以及冰過的奶油加進調理盆，使用「搓砂法Sablage」，攪拌至看不見奶油為止。

2. 倒入雞蛋和哈密瓜醬，持續攪拌至毫無粉末殘留。

3. 麵團上下分別墊上保鮮膜，再用擀麵棍推成厚度4mm的薄麵團。

4. 放入冰箱靜置30分鐘以上，即可使用。

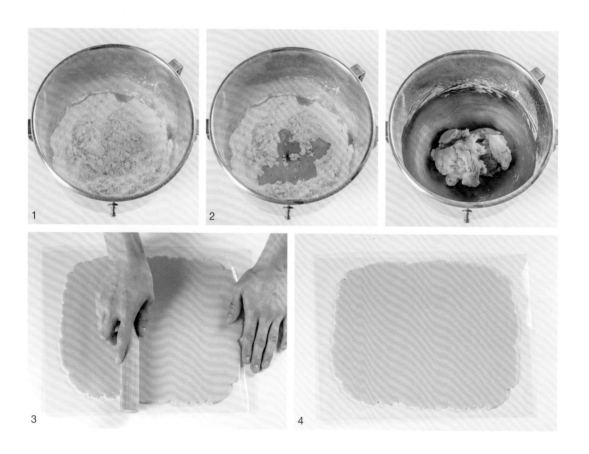

甜餐包麵團（p.120） 350g

其他

水	適量
細砂糖	適量

5. 準備好完成靜置發酵的「甜餐包麵團」。

TIP 此步驟使用了分割成各50g的麵團，總共7個。

6. 將麵團有彈性地滾動，整成圓形。

7. 排列好麵團後，置於發酵箱（32℃，75％濕度）中發酵約30～40分鐘，使麵團膨脹至約1.5倍大小。

8. 用直徑12cm的慕斯圈切出圓形，事先製作好哈密瓜麵包的表皮。

9. 在哈密瓜麵包表皮的其中一面，灑上少量水。

10. 將灑水的那面沾滿細砂糖。

11. 使用刮板劃出麵包的紋路。

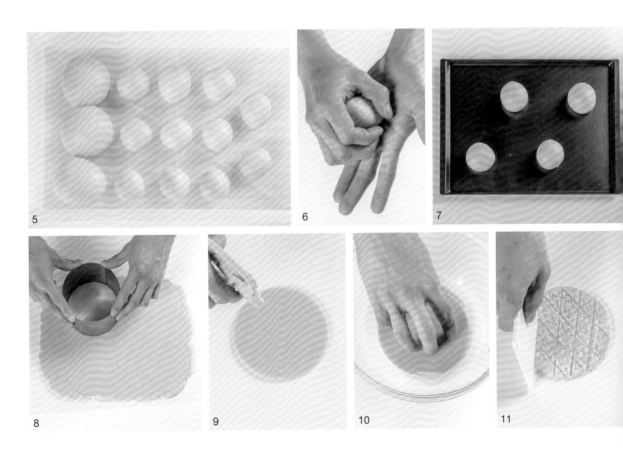

12. 在完成發酵的麵團上噴水。

13. 將哈密瓜麵包表皮覆蓋在麵糰上。

TIP 放上哈密瓜麵包表皮後，要立刻進行烘烤。否則，隨著麵團
持續發酵，哈密瓜麵包表皮可能會傾斜至某一方或裂開。

14. 放入預熱至170℃的烤箱中，溫度調降至160℃，烘烤
約14～15分鐘後，放在散熱架上冷卻。

TIP 為了避免哈密瓜麵包表皮烤出不漂亮的顏色，建議在較低的
溫度下烘烤。在較低的溫度下烘烤時，由於表層有哈密瓜麵
包表皮覆蓋，所以麵團仍能保持濕潤不乾燥。

12

13

14

鮮奶油	430g
馬斯卡彭乳酪	86g
細砂糖	43g
哈密瓜醬	20g
....	
	579g

哈密瓜鮮奶油

15. 將所有食材放入調理盆中,攪拌均勻。

16. 鮮奶油打發至質地扎實,呈現硬挺勾狀的全發狀態。

17. 在散熱的哈密瓜麵包上,戳一個小洞。

18. 每個麵包各擠入70〜80g製作好的哈密瓜鮮奶油,即完成。

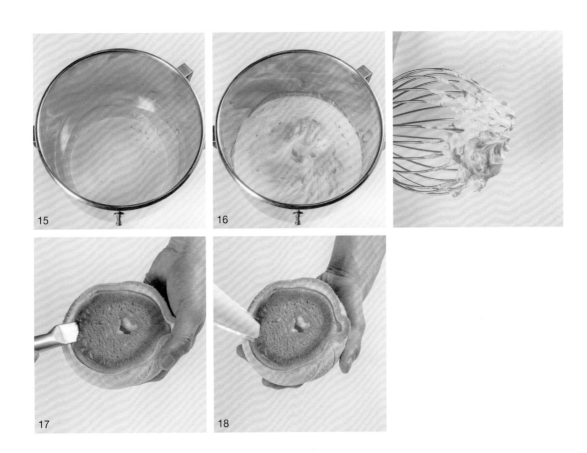

PART 4.

CROQUETTE

可樂餅

可樂餅（法語：Croquette）的起源是法國，後來流傳到日本，日本使用馬鈴薯製作，演變成現在大家所認識的日式可樂餅。這一章，會介紹基本的可樂餅（添加馬鈴薯、雞蛋和蔬菜混合的內餡）、用手工熬煮的自製咖哩製成的可樂餅，還有添加火腿、乳酪和新鮮蔬菜，所創造出口感極有層次的義式可樂餅，以及在美味香腸上添加豐富沙拉，並撒上醬汁的沙拉可樂餅。（在此使用的麵團與p.120的甜餐包麵團相同。）大家可依據個人偏好的口味，自由添加喜愛的食材，在家中也能輕鬆炸出令人難忘的可樂餅。

17.

VEGETABLE CROQUETTE

蔬菜可樂餅

在油炸得酥酥脆脆的麵包中,填入各種多樣化的內餡製成可樂餅。首先,介紹的菜單是以基本款的馬鈴薯為基底,所製成的蔬菜可樂餅。大家也可試著加入自己喜歡的蔬菜,製成最獨一無二的內餡。

50g · · · 5個 · · · 170℃ · · · 4分鐘

PROCESS

→	混合	麵團最終溫度25〜27℃
→	第一次發酵	27℃/ 75%, 60分鐘
→	分割	50g
→	靜置發酵	室溫10分鐘
→	整形	圓形
→	第二次發酵	32℃/ 70%, 30分鐘
→	油炸	170℃, 4分鐘

INGREDIENTS

馬鈴薯	130g
水煮蛋	150g（約3顆）
胡蘿蔔	20g
火腿	40g
洋蔥	50g
食用油	適量
玉米罐頭	40g
美乃滋	60g
鹽	適量
胡椒粉	適量

....

490g

◆ 最終會製作出410~420g分量
的蔬菜內餡。

HOW TO MAKE

蔬菜內餡

1. 將馬鈴薯放在蒸鍋或微波爐中煮熟，搗成泥狀，再用濾網過篩後散熱。

2. 將水煮蛋放入濾網中過篩。

3. 將胡蘿蔔和火腿細切成厚度約0.3cm的丁狀，洋蔥切成厚度約0.5cm的細絲。

4. 在鍋中倒入食用油，加入洋蔥和胡蘿蔔稍微拌炒。

5. 當洋蔥煮至呈半透明狀態時，加入去除水分的玉米粒和火腿丁，稍微炒熟後放涼。

TIP 玉米罐頭經過拌炒後不易變質，味道也會更香。

6. 再移至碗中散熱。

7. 將過篩的馬鈴薯、雞蛋、美乃滋、鹽、胡椒粉，一併加入碗中混合均勻。

甜餐包麵團（p.120） 250g

8. 準備好完成靜置發酵的「甜餐包麵團」。

TIP 此步驟使用了分割成各50g的麵團，總共5個。

9. 抹上一些手粉（高筋麵粉），輕輕拍打麵團、使麵團變平整。

10. 每個麵團各放入80g的蔬菜內餡，使用包餡刀將蔬菜內餡均勻包入麵團中。

11. 麵團開口收起，並整成圓形。

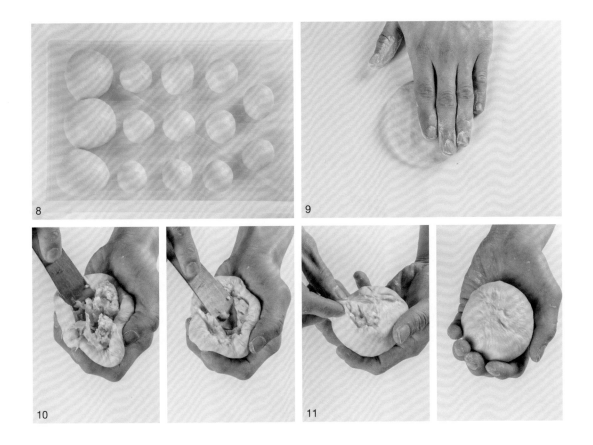

其他

麵包粉	適量
食用油	適量

12. 將麵團表面沾上水。

13. 把沾濕的麵團均勻裹上麵包粉。

TIP 這裡使用的是新鮮麵包粉,也可使用乾性麵包粉。

14. 將麵團的接縫處朝下擺放。

15. 放進發酵箱(32℃,70%)中發酵約30分鐘,使麵團膨脹約1.5倍。

TIP 要油炸的麵團在第二次發酵後,需要用手移動,所以發酵時間不宜太長。
若過度發酵,麵團受到外力震動時,可能會導致發酵的麵團變形或凹陷,形成外觀凹凸不平,請多加留意。

16. 將食用油預熱至170℃,放入麵團後,正反兩面各油炸約2分鐘。

TIP 油炸前,請確保麵團表面是否完全乾燥。假設麵團表面有過多水分,麵團容易沾黏在手上;在接觸油的時候,麵團表面也會變得凹凸不平。

17. 將油炸好的可樂餅放在散熱架上,放涼後即完成。

完成

18.

BEEF CURRY CROQUETTE

牛肉咖哩
可樂餅

填入豐富的手工熬製咖哩製成的可樂餅，也是大
受好評的開胃菜。洋蔥拌炒的時間越長，咖哩牛
肉醬成品的風味就會更香、更濃郁，所以建議趁
有時間時試做看看！

| 50g | 8個 | 170℃ | 4分鐘 |

PROCESS

→	混合	麵團最終溫度25～27℃
→	第一次發酵	27℃/ 75%, 60分鐘
→	分割	50g
→	靜置發酵	室溫10分鐘
→	整形	圓形
→	第二次發酵	32℃/ 70%, 30～35分鐘
→	油炸	170℃, 4分鐘

INGREDIENTS

洋蔥	390g
胡蘿蔔	130g
牛肉	65g
馬鈴薯	65g
蒜末	10g
水	550ml
咖哩塊	72g
（S&B Golden Curry 黃金咖哩料理塊）	
奶油	25g

·····················

1307g

◆ 最終會製作出650~700g分量
　的咖哩牛肉醬。

HOW TO MAKE

咖哩醬

1. 將洋蔥切絲、胡蘿蔔成碎丁、牛肉去除血水後剁碎；馬鈴薯切成長寬1cm大小的丁狀，浸泡在冷水中以防止氧化，要使用前再用濾網過濾掉多餘水分。

2. 將奶油（食譜配方以外的分量）放入平底鍋中，待奶油融化後，加入洋蔥絲，充分拌炒20～30分鐘，直到洋蔥呈現褐色。

TIP 洋蔥拌炒的時間越久，洋蔥裡的糖分就會焦糖化，讓美味更上一層樓。日式咖哩麵包專賣店拌炒洋蔥的時間通常會超過1小時，如果有時間的話可以挑戰看看。

3. 將馬鈴薯丁和牛肉碎加入鍋中拌炒。

4. 再加入胡蘿蔔碎丁，一起拌炒。

5. 加入蒜末，拌炒均勻。

6. 加入水，以中火持續煮滾，直到食材全熟為止。

7. 熬煮至使用刮板壓馬鈴薯時，可以輕鬆將馬鈴薯搗爛的程度，即可加入咖哩塊。以中小火持續熬煮至質地變濃稠。

TIP 依個人喜好，可加入一大匙的蠔油，增添濃郁的風味。

8. 關火後加入奶油，持續攪拌至奶油融化。

9. 將完成的咖哩醬裝進寬大的料理盤中，用保鮮膜密封，移入冰箱充分冷卻。

牛肉咖哩可樂餅

甜餐包麵團（p.120）　400g

10. 準備好完成靜置發酵的「甜餐包麵團」。

TIP 此步驟使用了分割成各50g的麵團，總共8個。

11. 抹上一些手粉（高筋麵粉），將麵團推成橢圓形後翻面，使光滑面朝下。

12. 每個麵團各擠上80g的咖哩醬。

其他

麵包粉	適量
食用油	適量
乾燥香芹粉	適量

13. 將麵團開口收起，並整成橢圓形。

14. 在麵團沾上水。

15. 在沾了水的麵團上，均勻地裹上麵包粉。

TIP 雖然此步驟使用的是新鮮麵包粉，但也可使用乾燥麵包粉。

16. 將麵團的接縫處朝下擺放。

17. 放進發酵箱（32℃，70％）中發酵約30～35分鐘，使麵團膨脹約1.5倍。

TIP 要油炸的麵團在第二次發酵後，需要用手移動，所以發酵時間不宜太長。
若過度發酵，麵團受到外力震動時，可能會導致發酵的麵團變形或凹陷，形成外觀凹凸不平，請多加留意。

18. 將食用油預熱至170℃，放入麵團後，正反兩面各油炸約2分鐘，放在散熱架上冷卻。依個人喜好撒上乾燥香芹粉，即完成。

TIP 油炸前，請確保麵團表面是否完全乾燥。假設麵團表面有過多水分，麵團容易沾黏在手上；在接觸油的時候，麵團表面也會變得凹凸不平。

16

17

18

19.

義式可樂餅

與將麵團分割成每份50g的小型可樂餅不同,這款
可樂餅是將麵團分割成較大份的150g,填入滿滿
內餡後製成。雖然現在並不常見,但過去在大街
小巷的麵包店裡,很常見到這款麵包。試著加入
豐富的蔬菜、蟹肉、披薩乳酪等,結合自己喜歡
的食材來挑戰看看吧!

150g

6個

160℃

6～8分鐘

PROCESS

→	混合	麵團最終溫度25～27℃
→	第一次發酵	27℃/ 75%, 60分鐘
→	分割	150g
→	靜置發酵	室溫10分鐘
→	整形	圓形
→	第二次發酵	32℃/ 70%, 30分鐘
→	油炸	160℃, 6～8分鐘

INGREDIENTS

HOW TO MAKE

蔬菜內餡（p.156） 600g
披薩乳酪絲 130g
（莫札瑞拉起司絲）
蟹肉棒 130g
洋蔥 240g
青椒 60g
醃黃瓜 60g
····················
1220g

甜餐包麵團（p.120） 900g

`義式內餡`

1. 將所有食材加入碗中，均勻攪拌。

TIP 將蟹肉棒依照紋理方向撕開，把洋蔥、青椒和胡蘿蔔切成長寬1cm大小的丁狀。
蔬菜切得越大塊，咀嚼起來的口感就越好，但在包入麵團時可能會裂開，請多加留意。

`義式可樂餅`

2. 準備好完成靜置發酵的「甜餐包麵團」。

TIP 此步驟使用了分割成各150g的麵團，總共6個。

3. 抹上一些手粉（高筋麵粉），將麵團推成橢圓形後翻面，使光滑面朝下。

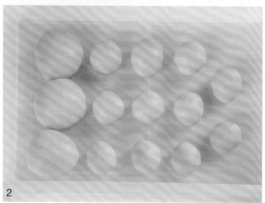
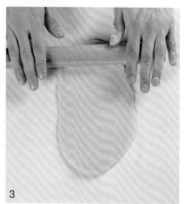

餡料

火腿（片）	12片
切達乳酪（片）	12片

4. 將麵團放上兩片火腿。

5. 放上2片切達乳酪片

6. 放上200g事先製作好的義式內餡。

7. 輕輕將麵團的上下兩側向外拉開，方便將內餡完整包覆。

8. 首先，將麵團往中間方向黏合。

9. 仔細地把尚未黏好的地方捏合，確保沒有縫隙裂開。

TIP 如果麵團難以黏合，可以稍微沾點水再黏合。

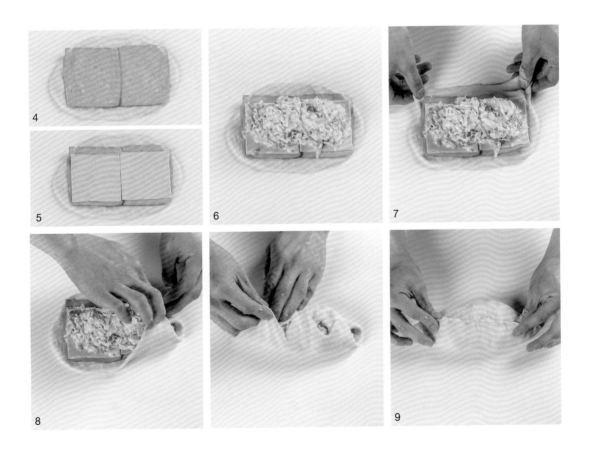

其他

麵包粉	適量
食用油	適量

10. 將麵團沾水。

11. 沾上麵包粉。

TIP 這裡使用的是新鮮麵包粉，但也可使用乾性麵包粉。

12. 將麵團的接縫處朝下擺放。

13. 放進發酵箱（32℃，70％）中發酵約30分鐘，使麵團膨脹約1.5倍。

TIP 要油炸的麵團在第二次發酵後，需要用手移動，所以發酵時間不宜太長。
若過度發酵，麵團受到外力震動時，可能會導致發酵的麵團變形或凹陷，形成外觀凹凸不平，請多加留意。

14. 將食用油預熱至160℃，放入麵團後，正反兩面各油炸約3～4分鐘。待炸好的可樂餅充分放涼後，再準備切半。

TIP 油炸前，請確保麵團表面是否完全乾燥。假設麵團表面有過多水分，麵團容易沾黏在手上；在接觸油的時候，麵團表面也會變得凹凸不平。

10

11

12

13

14

20.

SALAD CROQUETTE

沙拉可樂餅

將可樂餅油炸得酥酥脆脆，再一口氣切開，填入滿滿的香腸和沙拉，是一款老少咸宜、任誰都會愛上的麵包。可依個人喜好，在沙拉中加入果乾、蒸熟的馬鈴薯和水煮蛋等，立即提升飽足感。

60g	6個	170℃	4分鐘

PROCESS

→	混合	麵團最終溫度25～27℃
→	第一次發酵	27℃ / 75%, 60分鐘
→	分割	60g
→	靜置發酵	室溫10分鐘
→	整形	橢圓形
→	第二次發酵	32℃ / 70%, 30分鐘
→	油炸	170℃, 4分鐘

INGREDIENTS

高麗菜   150g

胡蘿蔔   20g

玉米罐頭   30g

美乃滋   100g

細砂糖   15g

醋   10g

鹽   2g

....

327g

甜餐包麵團（p.120） 360g

HOW TO MAKE

沙拉內餡

1. 將所有食材加進碗中，充分拌勻。

TIP 高麗菜徹底洗淨後，切成絲並浸泡在冷水中，以保持清脆的口感。使用前再用濾網去除水分；胡蘿蔔切成薄片。

若太早製作好沙拉內餡，會產生水分，建議於使用前再製作即可。

沙拉可樂餅

2. 準備好完成靜置發酵的「甜餐包麵團」。

TIP 此步驟使用了分割成各60g的麵團，總共6個。

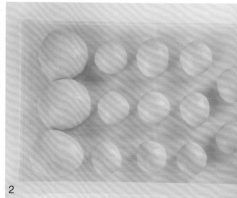

3. 抹上一些手粉（高筋麵粉），將麵團推成橢圓形後翻面，使光滑面朝下。

4. 由上往下推壓，並將麵團捲起。

5. 用手推壓麵團，使麵團兩端呈現尖尖的橢圓形。

6. 將麵團沾水。

7. 均勻裹上麵包粉。

TIP 這裡使用的是新鮮麵包粉，但也可使用乾性麵包粉。

餡料

香腸	6條

其他

麵包粉	適量
食用油	適量
芥末醬	適量
番茄醬	適量
乾燥香芹粉	適量

8. 將麵團的接縫處朝下擺放。放進發酵箱（32℃，70%）中發酵約30分鐘，使麵團膨脹約1.5倍。

TIP 要油炸的麵團在第二次發酵後，需要用手移動，所以發酵時間不宜太長。

若過度發酵，麵團受到外力震動時，可能會導致發酵的麵團變形或凹陷，形成外觀凹凸不平，請多加留意。

9. 將食用油預熱至170℃，放入麵團後，正反兩面各油炸約2分鐘，放在散熱架上冷卻。用同樣的溫度油炸香腸2分鐘左右。

TIP 油炸前，請確保麵團表面是否完全乾燥。假設麵團表面有過多水分，麵團容易沾黏在手上；在接觸油的時候，麵團表面也會變得凹凸不平。

10. 將放涼後的可樂餅對切。

11. 包入香腸。

12. 包入滿滿的沙拉內餡。

13. 擠上芥末醬和番茄醬。

14. 最後撒上乾燥香芹粉，即完成。

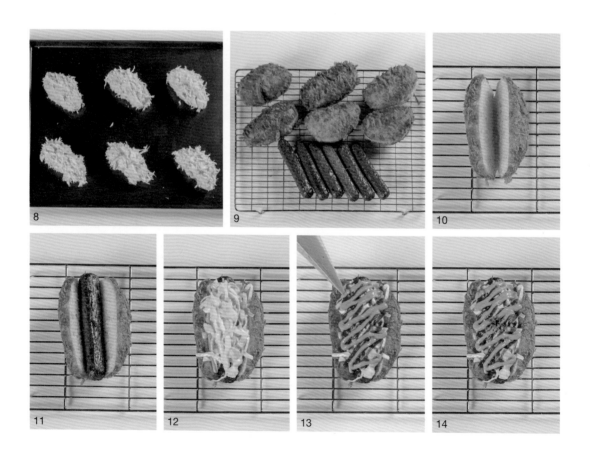

完成

PART 5

DONUT

甜甜圈

在此介紹以布里歐（Brioche）系列麵團和甜餐包系列麵團混合的配方，製作出柔軟、富有彈性口感的甜甜圈。加入各種不同口味的鮮奶油，能品嚐到多樣風味，此產品很適合融入各種創意，變化出可愛造型或季節限定口味的人氣麵包。

布里歐甜甜圈麵團

使用本書介紹的甜餐包麵團（p.120）來製作甜甜圈也十分美味，但在這一章中，我們混合了麵粉，增加蛋黃和奶油的用量，製作出更柔順的口感和出色的風味。雖然在此使用的是基本「直接發酵法」，但如果使用的是「中種發酵法」，則可製作出更加柔軟、風味更佳的甜甜圈麵團。

🜃 以「中種發酵法」（Sponge-Dough Method）來製作時

中種麵團*	主麵團
：T55麵粉300g、高筋麵粉300g、細砂糖20g、酵母10g、水280g、牛奶100g	：中種麵團*全部分量、高筋麵粉400g、細砂糖180g、鹽18g、酵母6g、奶油250g、蛋黃100g、牛奶150g
① 在以下提及的「布里歐甜甜圈麵團（直接發酵法）」的配方中，另外取出 T55麵粉300g、高筋麵粉300g、細砂糖20g、酵母10g、水280g、牛奶100g，均勻混合後，製作出中種麵團。	① 將奶油以外的所有食材放入調理盆中，以低速攪拌約1分鐘，再轉中速攪拌約4分鐘。
• 將酵母加入液體食材中，待酵母溶解後使用。	② 一旦進入完成階段，則加入奶油，以中速攪拌約7〜8分鐘，打至全發（100％）。
② 在室溫下發酵約1小時。	⇒ 之後的步驟與下列的直接發酵法相同。
• 低溫發酵的情況下，應將步驟①的中種麵團密封，冷藏發酵10小時以上，待膨脹約3倍時再使用。	

布里歐甜甜圈麵團（直接發酵法） 一約42個甜甜圈的分量

高筋麵粉	700g	酵母		牛奶	250g
T55麵粉	300g	（saf 半乾酵母金裝）	16g	水	280g
細砂糖	200g	奶油	250g		
鹽	18g	蛋黃	100g		**2114g**

1. 將奶油以外的所有食材放入調理盆中，以低速攪拌約1分鐘，再轉中速攪拌約4分鐘。

2. 進入完成階段時加入奶油，以中速攪拌約7〜8分鐘，打至全發（100％）。

   TIP 麵團達到最大彈性，麩質正式形成組織的階段。由於此麵團需要添加大量奶油，所以應在完成階段加入，這樣就能縮短攪拌時間。

3. 麵團的最終溫度應為25〜27℃。

4. 將麵團修整至表面呈現光滑。

5. 用保鮮膜將調理盆密封後，放進發酵箱（27℃，75％濕度）中發酵約60分鐘，直到麵團膨脹約3〜3.5倍。

6. 使用手指測試發酵程度。

   TIP 將沾有麵粉的手指戳入麵團，若拔出時麵團稍微回彈但仍留下指痕，即是最理想的發酵狀態。

7. 將發酵好的麵團分割成每份50g。

8. 輕輕揉圓，使麵團表面變得光滑。

9. 放入麵包箱後蓋上蓋子，防止麵團變得乾燥，靜置室溫下發酵10分鐘。

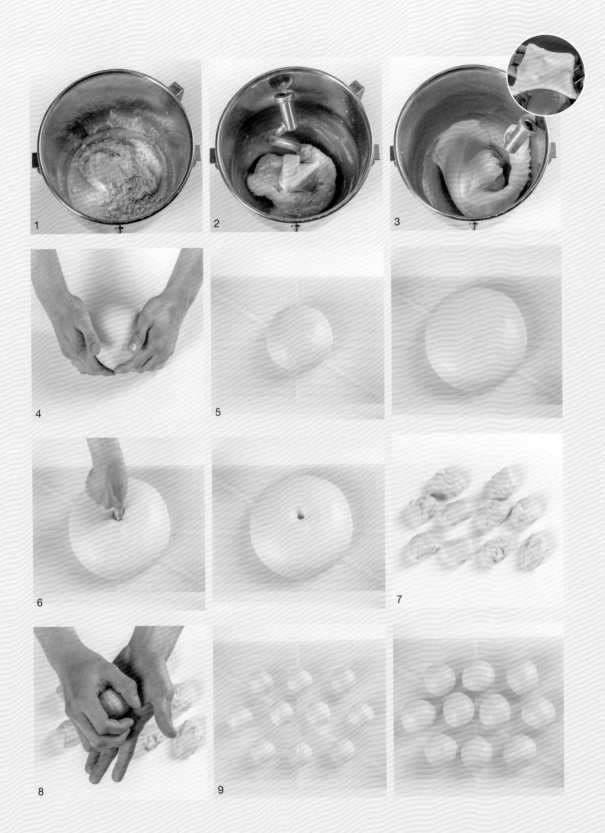

◆ 此為用於家庭烘焙的少量配方，小數點後的數字已四捨五入或捨去。

高筋麵粉	140g
T55麵粉	60g
細砂糖	40g
鹽	4g
酵母（saf 半乾酵母金裝）	3g
奶油	50g
蛋黃	20g
牛奶	50g
水	56g

....

423g

10. 完成靜置發酵後，再次滾圓。

11. 捏緊麵團的接縫處，整形成圓形。

TIP 如果沒有將接縫處黏合，填入奶油時可能會滿出來。

12. 讓麵團的接合處朝下，麵團間空出一點距離，整齊排列。

13. 輕輕按壓麵團。

14. 在發酵箱中（32℃，70％濕度）發酵約50分鐘，直到麵團膨脹約兩倍大小。

TIP 要油炸的麵團在第二次發酵後，需要用手移動，所以發酵時間不宜太長。

若過度發酵，麵團受到外力震動時，可能會導致發酵的麵團變形或凹陷，形成外觀凹凸不平，請多加留意。

15. 發酵成兩倍大小的麵團不易變形，即使用手輕輕按壓，發酵後的麵團也不容易塌陷。

16. 將食用油預熱至170℃，放入完成發酵的麵團，正反面各油炸2分鐘。

17. 將油炸好的布里歐甜甜圈放在散熱架上冷卻，即完成。

POINT

• 在此介紹的布里歐甜甜圈麵團，按照「直接發酵法」製作時，麵團發酵約60分鐘，直到麵團膨脹3〜3.5倍。如果要作為冷藏或冷凍的生麵團使用，則先發酵約40分鐘，使其膨脹2〜2.5倍，然後立即進行分割。分割後的生麵團，放入冰箱冷藏或冷凍庫中保存。

• 若將生麵團冷藏，可密封保存1〜2天。夏天或室內溫度較高時，麵團發酵的速度可能會過快，可在冷凍庫中放置約1小時、讓酵母停止活動，然後再次移至冷藏，需要隨時取出使用。

• 若將生麵團冷凍，新鮮酵母可以保存4天，冷凍狀態下的酵母則可保存2週。建議在使用的前一天晚上，移至冷藏解凍。如果靜置在室溫下或發酵箱中解凍，酵母可能因溫度的急劇變化而死亡，導致麵團風味不佳且發酵力下降，請多留意。

21.

GLAZED DONUT

糖霜甜甜圈

油炸類的麵包，水分流失與老化的速度較快，但
這款甜甜圈因為有糖霜包覆，則可維持兩天左右
的濕潤與口感。是一款咬起來既柔軟又富有嚼勁
的甜甜圈。

50g

8個

170℃

4分鐘

PROCESS

→	混合	麵團最終溫度25～27℃
→	第一次發酵	27℃/ 75%, 60分鐘
→	分割	50g
→	靜置發酵	室溫10分鐘
→	整形	圓形
→	第二次發酵	32℃/ 70%, 50分鐘
→	油炸	170℃, 4分鐘

INGREDIENTS

純糖粉   300g
煉乳   20g
牛奶   50〜60g

....
                    370〜380g

布里歐甜甜圈麵團

（p.180）   50g 8個

HOW TO MAKE

糖霜

1. 將過篩的純糖粉、煉乳和牛奶加入碗中，混合均勻。

TIP 每款糖粉的水分含量皆有些微差異，建議不要將牛奶一次全部加入，可以保留一些，視濃度再增加用量。

2. 將糖霜攪拌至無結塊且呈現光滑狀，裝入擠花袋中備用。

3. 準備好完成第二次發酵的「布里歐甜甜圈麵團」。

糖霜甜甜圈

4. 使用直徑3cm的圓圈模型，將麵團壓出甜甜圈的形狀。

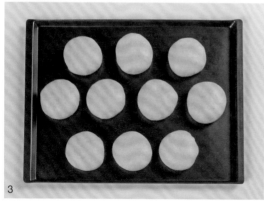

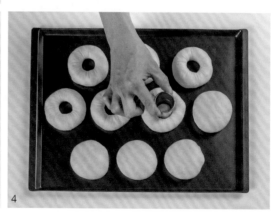

其他

食用油　　　　　　　適量

5. 將食用油預熱至170℃，甜甜圈放入鍋中油炸，正反兩面各油炸2分鐘。

6. 放在散熱架上冷卻。

7. 待布里歐甜甜圈充分放涼後，使用擠花袋均勻地擠上糖霜。

TIP 如果沒有擠花袋，可將甜甜圈的其中一面浸泡在糖霜中，然後放在散熱網上凝固。

8. 靜置20分鐘左右，使糖霜充分凝固。

糖霜的濃度如果太稀，淋在麵包表層時就會太薄；
如果太濃郁則會太厚，外觀看起來不夠光滑，口感也會過於甜膩。
建議將糖霜的濃度做些調整，
最剛好的濃度是在淋上糖霜的1至2秒內，糖霜的痕跡能迅速消失。

完成

22.

MILK CREAM DONUT

牛奶鮮奶油
甜甜圈

這是夾入牛奶鮮奶油和卡士達醬兩種內餡的基本
款甜甜圈，是一款深受大眾喜愛和歡迎的美味菜
單。可透過調整馬斯卡彭乳酪的量，來調整奶油
的質地。如果將馬斯卡彭乳酪的用量減少到鮮奶
油分量的10％左右，則可製作出更清爽和新鮮的
風味；如果增加到鮮奶油分量的30％左右，則可
製作出更濃厚、香醇的味道。

| 50g | 8個 | 170℃ | 4分鐘 |

PROCESS

→	混合	麵團最終溫度25～27℃
→	第一次發酵	27℃/ 75%, 60分鐘
→	分割	50g
→	靜置發酵	室溫10分鐘
→	整形	圓形
→	第二次發酵	32℃/ 70%, 50分鐘
→	油炸	170℃, 4分鐘

INGREDIENTS

鮮奶油	350g
馬斯卡彭乳酪	70g
煉乳	28g
細砂糖	28g
脫脂奶粉	28g
....	
	504g

布里歐甜甜圈麵團
（p.183）　50g 8個

HOW TO MAKE

牛奶鮮奶油餡

1. 將所有食材加進調理盆中，以高速至中速打發，至全發的堅挺狀態（100％），然後裝入擠花袋中備用。

TIP 當成甜甜圈內餡時，使用的鮮奶油與蛋糕的鮮奶油不同。填入甜甜圈的鮮奶油需要充分打發，至質地扎實的狀態，以確保甜甜圈的成品外觀不會變形，鮮奶油和甜甜圈的口感搭配起來也會更加和諧。

牛奶鮮奶油甜甜圈

2. 炸好「布里歐甜甜圈」後，靜置放涼。

3. 將甜甜圈從中間水平切開，僅保留一點點末端不切。

卡士達醬	160g
◆ 跟p.136的製作步驟一致	

牛奶	500g
香草莢	1根
蛋黃	108g
細砂糖	110g
低筋麵粉	50g
玉米澱粉	15g
奶油	25g

....

808g

◆ 最終會製作出550~600g分量的
卡士達醬。

裝飾粉

糖衣糖粉	200g
細砂糖	100g

4. 將卡士達醬輕輕攪拌開來，裝進擠花袋中，每一個甜甜圈都擠上約20g的卡士達醬。

5. 滿滿地擠上約60g的牛奶鮮奶油。

6. 將甜甜圈的兩面闔起。

7. 將糖衣糖粉和細砂糖混合後，用篩網過篩。

8. 把甜甜圈均勻裹上滿滿的裝飾粉，即完成。

23.

香草鮮奶油
甜甜圈

將充滿香草籽且香甜的卡士達奶油,填入甜甜圈中。香草鮮奶油甜甜圈和牛奶鮮奶油甜甜圈都是最基本的食譜,深受大眾喜愛。如果希望口味更清爽,可以將卡士達奶油和打發過的鮮奶油,以3:1的比例混合,以調整口感。

| 50g | 8個 | 170℃ | 4分鐘 |

PROCESS

→	混合	麵團最終溫度25〜27℃
→	第一次發酵	27℃/75%,60分鐘
→	分割	50g
→	靜置發酵	室溫10分鐘
→	整形	圓形
→	第二次發酵	32℃/70%,50分鐘
→	油炸	170℃,4分鐘

INGREDIENTS

布里歐甜甜圈麵團

（p.183）　　　　50g 8個

卡士達醬　　　　400g

◆ 跟p.136的製作步驟一致

牛奶	500g
香草莢	1根
蛋黃	108g
細砂糖	110g
低筋麵粉	50g
玉米澱粉	15g
奶油	25g

....

808g

◆ 最終會製作出550~600g分量的
卡士達醬。

HOW TO MAKE

香草鮮奶油甜甜圈

1. 炸好「布里歐甜甜圈」後，靜置放涼。

2. 用水果刀在甜甜圈的一側戳洞。

3. 每個甜甜圈皆灌入50g卡士達醬。

裝飾粉

糖衣糖粉	200g
細砂糖	100g

4. 將糖衣糖粉和細砂糖混合，用篩網過篩。

5. 將甜甜圈裹上滿滿的裝飾粉。

6. 把灌入卡士達醬的開口朝上，立起甜甜圈，然後在甜甜圈的開口處，擠上剩餘的卡士達醬，每份各擠上5g的圓球狀，即完成。

24.

STRAWBERRY CREAM DONUT

草莓鮮奶油
甜甜圈

草莓口味的產品往往會受到大眾的熱愛，而使用
新鮮的當季草莓作為裝飾的產品，更是買氣爆棚
的人氣選項。製作草莓鮮奶油時，若是使用草莓
粉代替糖漿，建議草莓粉的用量為鮮奶油分量的4
～6％。由於攪拌草莓粉時容易結塊，可先將草莓
粉分散添加在細砂糖中，之後再混合其他食材。

| 50g | 8個 | 170℃ | 4分鐘 |

PROCESS

→	混合	麵團最終溫度25～27℃
→	第一次發酵	27℃ / 75%, 60分鐘
→	分割	50g
→	靜置發酵	室溫10分鐘
→	整形	圓形
→	第二次發酵	32℃ / 70%, 50分鐘
→	油炸	170℃, 4分鐘

INGREDIENTS

鮮奶油	350g
馬斯卡彭乳酪	70g
煉乳	28g
MONIN草莓糖漿	50g

....

498g

布里歐甜甜圈麵團
（p.183）　　　50g 8個

新鮮草莓　　　　8個

HOW TO MAKE

草莓鮮奶油

1. 將所有食材加進調理盆中，以高速至中速打發，至全發的堅挺狀態（100％），然後裝入擠花袋中備用。

TIP 當成甜甜圈內餡時，使用的鮮奶油與蛋糕的鮮奶油不同。填入甜甜圈的鮮奶油需要充分打發，至質地扎實的狀態，以確保甜甜圈的成品外觀不會變形，鮮奶油和甜甜圈的口感搭配起來也會更加和諧。

草莓鮮奶油甜甜圈

2. 炸好「布里歐甜甜圈」後，靜置放涼。

3. 將甜甜圈從中間水平切開，僅保留一點點末端不切。

4. 將一顆草莓切成兩半，放在切開的甜甜圈上。

裝飾粉

糖衣糖粉	200g
細砂糖	100g
新鮮草莓	8個

5. 將每個甜甜圈各擠入60g的草莓鮮奶油。

6. 蓋上另一面的甜甜圈。

7. 將糖衣糖粉和細砂糖混合，用篩網過篩。

8. 將甜甜圈均勻裹上裝飾粉。

9. 將新鮮草莓切成片狀，再放至甜甜圈上作裝飾。

25.

MATCHA CREAM DONUT

抹茶鮮奶油
甜甜圈

此款甜甜圈是由抹茶輕柔地融入鮮奶油中，作為內餡。如果沒有抹茶粉，也可用綠茶粉替代，但使用綠茶粉時，應該將綠茶粉的分量增加為抹茶粉的1.5～2倍，才能製作出類似的香濃風味。

| 50g | 8個 | 170℃ | 4分鐘 |

PROCESS

→	混合	麵團最終溫度25～27℃
→	第一次發酵	27℃/75%, 60分鐘
→	分割	50g
→	靜置發酵	室溫10分鐘
→	整形	圓形
→	第二次發酵	32℃/70%, 50分鐘
→	油炸	170℃, 4分鐘

INGREDIENTS

抹茶粉　　　　　　　　5g

細砂糖　　　　　　　　16g

鮮奶油　　　　　　　　157g

卡士達醬（p.136）　263g

....

　　　　　　　　　　441g

布里歐甜甜圈麵團

（p.183）　　50g 8個

HOW TO MAKE

抹茶鮮奶油

1. 將抹茶粉和細砂糖輕輕拌勻。

2. 將步驟**1**和鮮奶油放入調理盆中，以高速至中速打發，
   至全發的堅挺狀態（100％）。

3. 將卡士達醬輕輕攪拌開，加入調理盆中，充分攪拌均
   勻，裝進擠花袋中備用。

抹茶鮮奶油甜甜圈

4. 炸好「布里歐甜甜圈」後，靜置放涼。

5. 用水果刀在甜甜圈的一側戳洞。

裝飾粉

細砂糖	100g
抹茶粉	10g
糖衣糖粉	200g

6. 在甜甜圈中，擠入製作好的抹茶鮮奶油各50g。

7. 將細砂糖和抹茶粉混合後，再加入糖衣糖粉一起混合。

8. 用篩網過篩。

9. 將甜甜圈裹上滿滿的裝飾粉。

10. 將灌入抹茶鮮奶油的口朝上，立起甜甜圈，在灌入內餡的甜甜圈口，擠上剩餘的抹茶鮮奶油，每份各擠上5g的圓球狀，即完成。

PART 6.

BRIOCHE

布里歐

法國傳統麵包布里歐，擁有相當悠久的歷史，
是由高含量的奶油、蛋和細砂糖製作而成的麵
包，因此質地非常柔軟且風味出色。傳統的布里
歐，使用100％的雞蛋取代牛奶或水，並且奶油的
比例很高。雞蛋用量最多可達麵粉量的75％，奶
油用量最多可達麵粉量的80％，但高比例配方的
製程也相當複雜。奶油和細砂糖會妨礙麵筋的形
成，使結構變得脆弱，如果沒有正確攪拌，麵包
的體積就會變小，奶油則可能形成油水分離，使
麵包質地變得乾澀且易碎。這一章所使用的布里
歐，是我經過多次調查，以最受歡迎的食譜為基
底製作而成的。此食譜可製作出柔軟度與嚼勁適
中、質地常保濕潤的基本麵包，再延伸製作出料
理麵包、甜點麵包等多功能型的麵包。

布里歐麵團

製作布里歐麵團之前需要瞭解的常識

● 所有用於麵團的食材，都應先冷藏保存後再使用。

　（粉類材料應保存於冷凍庫中，奶油則應切成薄片後冷藏保存。）

● 奶油的熔點為30℃，因此麵團的最終溫度不應超過29℃，請多加留意。

　（麵團的溫度太高時，奶油會融化並從麵團中流出，因此請在攪拌過程中，持續檢查麵團的溫度，如果推測麵團的最終溫度會升高，製作時可將調理盆浸泡在冰水中。）

布里歐麵團 ─1份的配方

高筋麵粉	800g
T65麵粉	200g
細砂糖	180g
鹽	20g
酵母（saf 半乾酵母金裝）	16g
脫脂奶粉	50g
雞蛋	275g
牛奶	500g
奶油	440g
	2481g

布里歐麵團 ─1/2份的配方

◆ 此為用於家庭烘焙的少量配方，小數點後的數字已四捨五入或捨去。

高筋麵粉	400g
T65麵粉	100g
細砂糖	90g
鹽	10g
酵母（saf 半乾酵母金裝）	8g
脫脂奶粉	25g
雞蛋	138g
牛奶	250g
奶油	220g
	1241g

1. 將除了奶油以外的所有食材放入調理盆中，以低速攪拌約2分鐘，再轉中速攪拌約5分鐘。

TIP 所有食材都要先冷藏過後再使用。

2. 攪拌至完成階段時，加入1/3冰過的奶油，以中速攪拌約2分鐘。

TIP 為了讓冷藏過的奶油能更完美地融入麵團中，將奶油切片後使用。

3. 加入剩餘奶油1/2的分量，再以中速攪拌2分鐘。

4. 將奶油均勻混合後，將剩餘的奶油全部放入，以中速攪拌約4～5分鐘，攪拌至全發（100％）的狀態。

5. 麵團的最終溫度應為25～27℃。麵團的最終狀態應為整體帶有光澤，形成薄薄麵筋膜的柔軟狀態。

TIP 像布里歐麵團這類奶油和雞蛋比例很高的麵團，比其他麵團更柔軟。因此，很容易犯下「攪拌不夠充足」的失誤。必須攪拌至比其他麵團更有光澤，具足夠延展性的100％全發狀態（達到「攪拌過度階段」為止），才算是理想的麵團狀態。

6. 將麵團修整至表面呈現光滑。

7. 放入麵包箱後蓋上蓋子，防止麵團變得乾燥，放在發酵箱中（27℃，75％濕度）發酵約60分鐘，直到麵團膨脹成原來的三倍左右。

8. 使用手指測試發酵程度，按照產品的需求切割麵團，接著進行後面的步驟。

TIP 將沾有麵粉的手指戳入麵團，若拔出時麵團稍微回彈但仍留下指痕，即是最理想的發酵狀態。

POINT

布里歐麵團的特色是糖分、奶油和水分的比例較高，非常適合製成冷凍麵團。可將發酵完成的麵團，分割成方便使用的大小，修整麵團表面後，密封冷凍保存。只要有充分冷凍，就能輕鬆保存，使用長達兩個星期。在使用布里歐冷凍生麵團的前一天，可將麵團放入冰箱冷藏，慢慢解凍，方便隔天使用。麵團整形時，應在麵團仍冰冷的狀態下立刻進行，才能製作出質地穩定的麵包。（不建議放置發酵箱或室溫下解凍。）

26.

布里歐
布烈薩努

使用布里歐麵團，製作出形狀最基本的扁平麵包。傳統的布烈薩努會作出圓形的凹槽，放上奶油狀、撒上細砂糖來收尾，但此食譜做了全新的嘗試，在細砂糖中加入肉桂粉，並在麵包表面淋上鮮奶油。

| 120g | 9個 | 180℃ | 9分鐘 |

PROCESS

→	混合	麵團最終溫度25～27℃
→	第一次發酵	27℃/ 75%, 60分鐘
→	分割	120g
→	靜置發酵	冷藏10～20分鐘
→	整形	圓形
→	第二次發酵	27℃/ 75%, 50分鐘
→	烘烤	180℃, 9分鐘

INGREDIENTS

鮮奶油	180g
馬斯卡彭乳酪	18g
煉乳	9g
糖粉	18g

....

225g

HOW TO MAKE

1. 將所有食材加進調理盆中,以高速打至中速,打至全發的堅挺狀態(100%)。

TIP 用保鮮膜包覆調理盆,暫時冰入冰箱。使用前先拿出來輕輕攪拌均勻。如果冷藏時間過長,會導致鮮奶油變稀,請重新打發後再使用。

布里歐麵團（p.208）1080g

2. 準備好完成第一次發酵的「布里歐麵團」。

3. 把發酵好的麵團分割成每份120g，輕輕揉圓，使麵團表面變得光滑。

4. 放入麵包箱後蓋上蓋子，防止麵團變得乾燥，放入冰箱靜置發酵10～20分鐘。

TIP 靜置發酵以夏天10分鐘、冬天20分鐘為準則。布里歐布烈薩努在整形時需要將麵團推得較薄，趁麵團還處在冰涼的狀態下才能整形得很漂亮。

5. 完成靜置發酵後，將麵團推平成直徑為10cm的圓形。

6. 將3份麵團放在烤盤上（以UNOX烤盤尺寸為標準）整齊排列。

7. 放入發酵箱（27℃，濕度75％）發酵約50分鐘，讓麵團發酵膨脹成2倍大小。

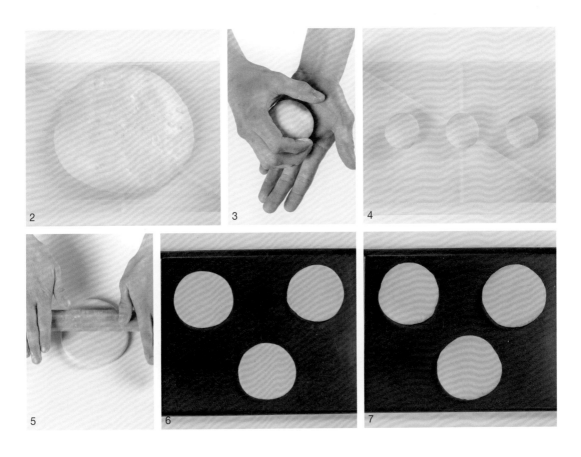

其他

蛋液	適量

裝飾

奶油	162g

肉桂糖粉

細砂糖	200g
肉桂粉	2g

8. 用手指在麵團上按壓出6個小孔。

9. 將麵團表面塗抹蛋液。

10. 在每個小孔上方，擠上3g的軟化奶油。

TIP 也可事先將奶油切成小塊狀（每塊3g），直接放在小孔上。

11. 撒上肉桂糖粉。

TIP 肉桂糖粉是將細砂糖和肉桂粉混合均勻後使用。

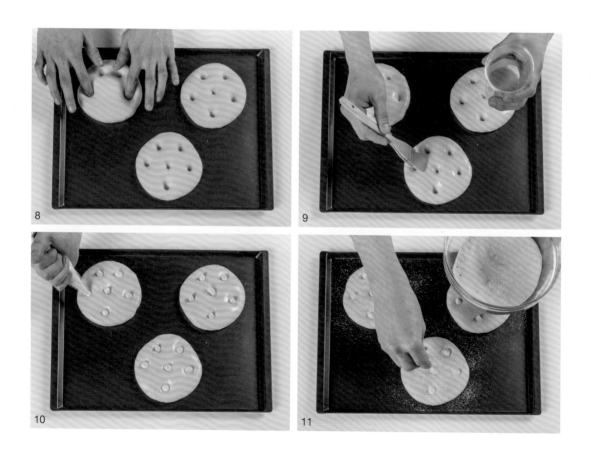

12. 放入預熱至200℃的烤箱中，將溫度調降至180℃，烘烤約9分鐘。

13. 從烤箱中取出後，立即在麵包表層抹上滿滿的鮮奶油。

14. 再次放入烤箱烘烤約2分鐘，完成後，取出將烤盤往桌面輕輕敲打幾下，最後移至散熱架上放涼。

TIP 由於布里歐布烈薩努的形狀較為扁平，與其他形狀的麵包相比，此款麵包的水分流失較嚴重。因此，在麵包表面塗抹鮮奶油時，鮮奶油會滲透進麵包中，使麵包的口感變得更加濕潤和柔軟。

12

13

14

27.

玉米乳酪
布里歐

這款麵包在Haz Bakery深受大人和小孩的喜愛,是
超級熱門的料理麵包。拌入美乃滋的香濃玉米乳
酪餡、粒粒分明的甜美玉米,再加上乳酪,不管
是當成正餐或下午茶點心,都非常適合。

| 120g | 3個 | 180℃ | 12分鐘 |

PROCESS

→	混合	麵團最終溫度25～27℃
→	第一次發酵	27℃ / 75%, 60分鐘
→	分割	120g
→	靜置發酵	冷藏10～20分鐘
→	整形	圓形
→	第二次發酵	27℃ / 75%, 50分鐘
→	烘烤	180℃, 12分鐘

INGREDIENTS

火腿	30g
洋蔥	30g
玉米罐頭	180g
披薩乳酪絲	60g
美乃滋	60g
鹽	適量
胡椒粉	適量

....

360g

HOW TO MAKE

玉米乳酪餡

1. 將所有食材放入調理盆中，攪拌均勻。

TIP 將火腿和洋蔥切成0.3cm大小的丁狀，再使用。

布里歐麵團（p.208） 360g

2. 準備好完成第一次發酵的「布里歐麵團」。

3. 把發酵好的麵團分割成每份120g，然後輕輕揉圓，使麵團表面光滑。

4. 放入麵包箱後蓋上蓋子，以防止麵團變得乾燥，放入冰箱靜置發酵10～20分鐘。

TIP 靜置發酵以夏天10分鐘、冬天20分鐘為準則。玉米乳酪布里歐麵團在整形時，需要將麵團推得較薄，趁麵團還是冰涼的狀態下，才能整形整的很漂亮。

5. 完成靜置發酵後，將麵團推平成直徑10cm的圓形

6. 麵團分成3份（以UNOX烤盤尺寸為標準），再放入發酵箱（27℃，濕度75％）約50分鐘，讓麵團發酵膨脹成2倍大小。

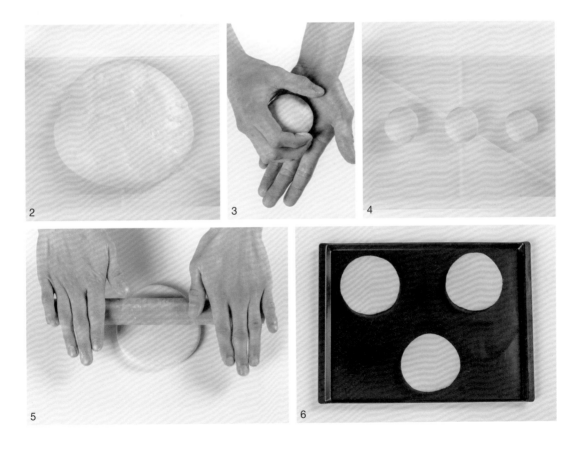

2

3

4

5

6

其他

蛋液	適量
披薩乳酪絲	90g
乾燥香芹粉	適量

7. 將發酵完成的麵團，保留邊緣1.5cm的寬度，用手指按壓中間的位置。

8. 麵團邊緣預留的1.5cm塗抹一圈蛋液。

9. 每份皆放上120g的玉米乳酪餡。

10. 每份皆撒上30g的披薩乳酪絲。

美乃滋醬

水	15g
玉米糖漿	30g
美乃滋	30g
....	
	75g

11. 放進預熱至200℃的烤箱，溫度調降至180℃，烘烤約12分鐘。

12. 從烤箱取出後，均勻地塗抹上美乃滋醬。

TIP 將製作美乃滋醬的所有食材拌勻，再使用。

13. 撒上乾燥香芹粉後，放在散熱架上冷卻。

11

12

13

28.

BRIOCHE HAMBURGER BUN &
CHEESE BURGER

布里歐漢堡包
&起司漢堡

使用布里歐麵團製作的漢堡包，比一般漢堡包口感更柔軟和香濃。這款麵包的特色是奶油含量較高，只要稍微烤一下，就能品嚐到奶油誘人的濃郁香氣。同時附上起司漢堡的食譜，讓大家在家裡，也能製作出媲美餐廳等級的手工漢堡。

80g

6個

170℃

13分鐘

PROCESS

→	混合	麵團最終溫度25～27℃
→	第一次發酵	25℃/75%,60分鐘
→	分割	80g
→	靜置發酵	室溫10～20分鐘
→	整形	圓形
→	第二次發酵	27℃/75%,50～60分鐘
→	烘烤	170℃,13分鐘

INGREDIENTS

布里歐麵團（p.208） 480g

HOW TO MAKE

布里歐漢堡包

1. 準備好完成第一次發酵的「布里歐麵團」。

2. 將發酵好的麵團分割成每份80g。

3. 輕輕滾圓，使麵團表面變得光滑。

4. 放入麵包箱後蓋上蓋子，防止麵團變得乾燥，靜置室溫下發酵10～20分鐘。

TIP 靜置發酵以夏天10分鐘、冬天20分鐘為準則。

5. 結束靜置發酵後，將麵團重新滾圓，使麵團變得光滑有彈性。

其他

蛋液　　　　　　　適量

裝飾

白芝麻　　　　　　適量

6. 將麵團的接縫處朝下，放在烤盤上，接著塗抹蛋液。

7. 放進發酵箱（27℃，濕度75％）中發酵50～60分鐘，使麵團發酵膨脹2倍左右。

8. 於麵團表面噴上適量的水。

9. 撒上滿滿的白芝麻。

10. 放入預熱至180℃的烤箱中，溫度調低至170℃，烘烤約13分鐘。出爐後，將烤盤往桌面敲打兩到三次，再移至散熱架上。

INGREDIENTS

布里歐漢堡包	6個
奶油	適量
漢堡排	6個的分量
牛絞肉	750g
鹽	適量
胡椒粉	適量

HOW TO MAKE

手工起司漢堡

11. 將準備好的布里歐漢堡包切成兩半，薄薄地塗上一層奶油。

12. 放進平底鍋煎至金黃色，放在散熱架上冷卻。

13. 將牛絞肉放在廚房紙巾上，去除血水。

TIP 必須去除血水以避免異味產生。

14. 將牛絞肉加入鹽和胡椒粉，進行調味。

15. 充分搓揉絞肉，至牛肉呈現黏稠狀。

TIP 要充分搓揉牛肉，漢堡排的形狀才不會容易散掉。

16. 分成120g一份。

17. 將漢堡排捏成直徑約12cm。

TIP 漢堡排煎得越熟，寬度會向內收縮、厚度變得越高，可先將漢堡排捏成比理想中的尺寸略寬1.5～2cm，再放入鍋中煎熟。

11

12

13

14

15

16

17

蜂蜜芥末醬

美乃滋	75g
顆粒芥末醬	15g
蜂蜜	15g

....
105g

是拉差美乃滋醬

美乃滋	60g
是拉差辣椒醬	30g

....
90g

其他

食用油	適量
美式起司片	12片
蘿蔓生菜	6片
切片番茄	6片
醃黃瓜	45g
紫洋蔥	適量
大條醃漬甜黃瓜	大約8個

18. 在加倒入食用油的平底鍋中,將漢堡排正反兩面充分煎熟。

19. 待漢堡排煎至喜歡的熟度,再放上美式起司片,使其融化。

20. 將事先製作好的布里歐漢堡包塗抹蜂蜜芥末醬。

TIP 將蜂蜜芥末醬的所有食材混合即可使用。

21. 依序放上蘿蔓生菜和步驟**19**的食材。

22. 放上切片番茄和切片醃黃瓜。

TIP 切片番茄須先放在廚房紙巾上,吸乾多餘水分後再使用。

23. 放上切片的紫洋蔥。

24. 淋上15g的是拉差美乃滋醬。

TIP 將是拉差美乃滋醬的所有食材混合均勻,即可使用。

25. 蓋上布里歐漢堡包後,將大條醃漬甜黃瓜用竹籤固定在漢堡上,即完成。

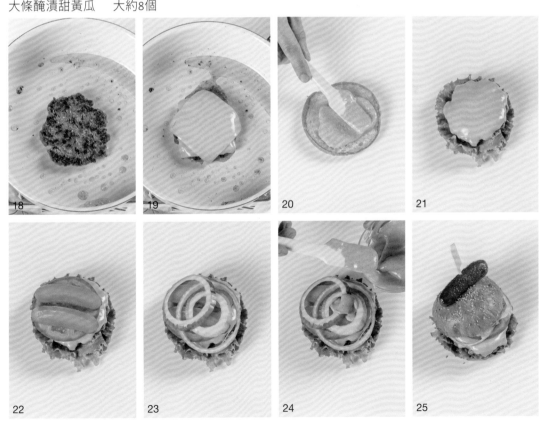

完成

可將漢堡包做成法棍形狀、橄欖球形狀等，
加入創意改造成熱狗堡的模樣，也充滿了趣味。

29.

CINNAMON TWIST

肉桂扭紋捲

肉桂捲是使用布里歐麵團製作，最具代表性的麵包。此款麵包並非將麵團捲起後，進行切割、烘烤的一般肉桂捲形狀，而是以打結的方式，烤出表面酥脆、內裡溼潤的肉桂捲。一口咬下，淡淡的肉桂香氣瞬間在嘴裡蔓延，與香濃奶油乳酪製成的糖霜、加上柔軟的布里歐，由和諧的三元素組成這款迷人的麵包。

120g | 12個 | 180℃ | 15分鐘

PROCESS

→	混合	麵團最終溫度25～27℃
→	第一次發酵	27℃/ 75%, 60分鐘
→	分割	120g
→	靜置發酵	冷藏50分鐘或冷凍30分鐘
→	整形	造型扭紋
→	烘烤	180℃,15分鐘

INGREDIENTS

HOW TO MAKE

肉桂醬

紅糖	200g
肉桂粉	20g
奶油	100g
....	
	320g

1. 將紅糖和肉桂粉放入調理盆中，攪拌均勻。
2. 加入軟化的奶油，一起攪拌。

奶油乳酪糖霜

奶油	150g
奶油乳酪（Elroy）	75g
純糖粉	75g
....	
	300g

3. 將軟化的奶油和奶油乳酪加進攪拌盆中，輕輕攪拌。
4. 將過篩的純糖粉加入攪拌。

布里歐麵團（p.208）1200g

5. 準備好1200g完成第一次發酵的「布里歐麵團」。

6. 將麵團表面修整至呈現光滑。

7. 用擀麵棍將麵團推平。

8. 將麵團用保鮮膜蓋上，製作成邊長30cm的正方形麵團。

9. 放進冰箱靜置休息50分鐘。（如果冰在冷凍庫中，則放置30分鐘。）

TIP 如果冰在冷凍庫至結冰，則應在前一天先移至冷藏庫退冰，再使用。

TIP 比起麵包類，肉桂捲其實更接近蛋糕類，因此要著重於靜置休息而非發酵，成品的質地才會更加柔軟。

10. 在完成靜置休息的麵團上，撒上少許手粉（高筋麵粉）。

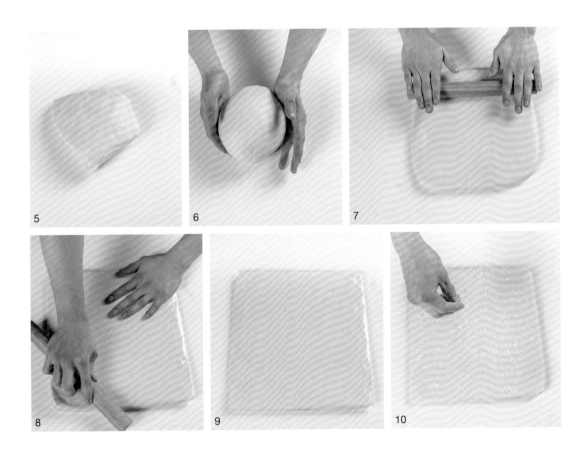

11. 將麵團推平成60×40cm的大小，麵團翻面橫放，使光滑面朝下。

12. 在麵團中央1/3處，塗上一半的肉桂醬。

13. 將麵團的一側，往中間方向摺疊。

14. 將剩餘的肉桂醬塗在摺起來的麵團上。

15. 將另一側的麵團也往中間方向摺疊。

16. 在麵團上撒上少許手粉（高筋麵粉）。

17. 再次將麵團推平成60×30cm。

18. 再次由外向內對摺成3層。

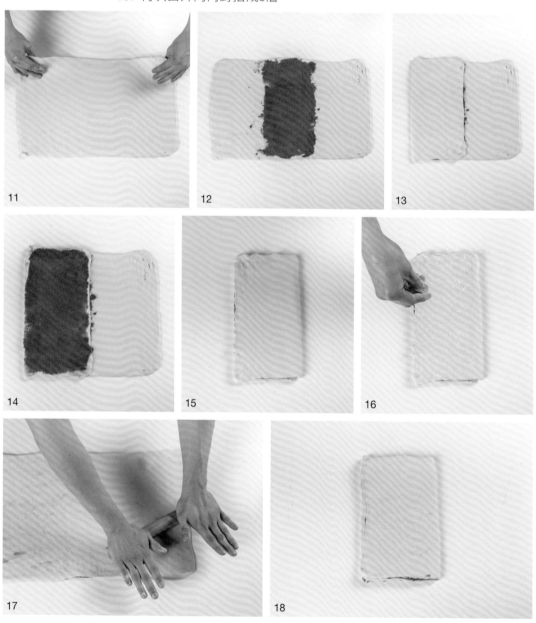

19. 麵團推平成大小35×27cm，轉成直向擺放。

20. 將麵團的兩側邊緣修整齊。

21. 麵團切成大約2cm寬的長條狀。（每條約120g）

22. 取一條麵團橫向擺放，將雙手固定住左右兩側，反向扭轉、捲起。

23. 像綁繩結一樣，按照箭頭的方向再扭轉一次。

24. 把露在外面的多餘麵團，塞進裡面。

TIP 雙手觸摸麵團的時間一久，奶油就會融化，並使結構被破壞。因此，盡量讓麵團保持在冰涼的狀態下，製作的速度也要迅速。

參考影片學習肉桂扭紋捲的整形方法

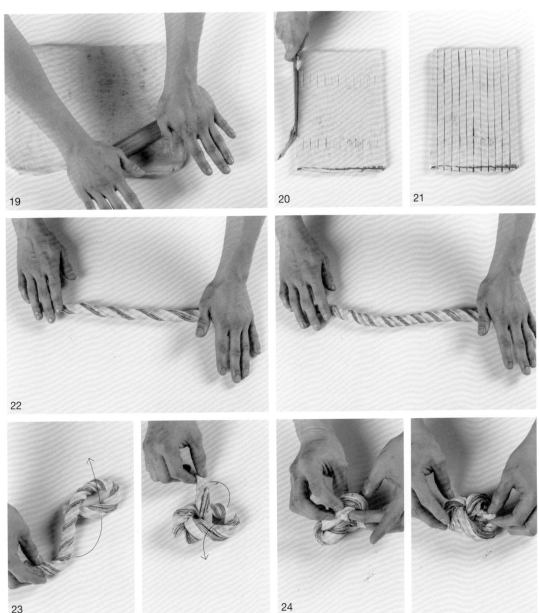

裝飾

肉桂粉　　　　　　　　適量

25. 將麵團放在烤盤上，放入預熱至200℃的烤箱中，溫度降至180℃，烘烤約15分鐘。

26. 趁麵包還溫熱的時候，使用擠花袋擠上奶油乳酪糖霜。

27. 最後撒上肉桂粉，即完成。

25

26

27

完成

30.

哈拉麵包

哈拉麵包是猶太人在安息日或節慶時，十分愛吃的傳統麵包。麵團被捲成長條狀，並以三股、五股、六股等方式，編織得很厚實；尺寸越大，麵團的保濕力越高，口感也越濕潤，保存期限也更長。此食譜使用的是六股的編織方式，如果覺得六股不易操作，也可像編髮一樣編成三股。可將哈拉麵包切成吐司的型態，或製作成三明治來享用。

| 300g | 2個 | 170℃ | 18分鐘 |

PROCESS

→	混合	麵團最終溫度25～27℃
→	第一次發酵	28℃ / 75%, 60分鐘
→	分割	50g
→	靜置發酵	冷藏10～20分鐘
→	整形	六股辮子
→	第二次發酵	27℃ / 75%, 50分鐘
→	烘烤	170℃, 18分鐘

INGREDIENTS

布里歐麵團（p.208） 600g

HOW TO MAKE

哈拉麵包

1. 準備好完成第一次發酵的「布里歐麵團」。

2. 把發酵好的麵團分割成每份50g。

3. 將麵團輕輕捏圓，使麵團表面變得光滑。

4. 放入麵包箱後蓋上蓋子，防止麵團變得乾燥，放入冰箱靜置發酵10～20分鐘。

TIP 靜置發酵以夏天10分鐘、冬天20分鐘為準則。

5. 靜置發酵結束後，先將麵團初步整形、滾成長條狀。

TIP 將麵團中央滾得較為厚實，兩端滾得較細。

6. 把六股麵團以扇形的方式擺放在一起。

參考影片學習哈拉麵包六股辮子、
三股辮子的整形方式

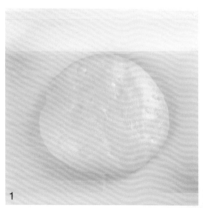

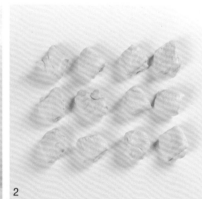

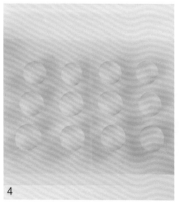

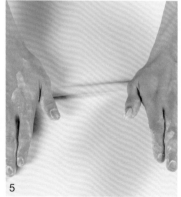

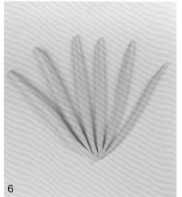

其他

蛋液	適量

裝飾

白芝麻	適量
黑芝麻	適量

7. 以六股編織來整形。

8. 將麵團翻轉後,將兩端往內塞,以整齊收尾。

9. 再次將麵團翻面,置於烤盤上,放在發酵箱(27℃, 濕度75%)中約50分鐘,至麵團膨脹約兩倍大小。

10. 在麵團表面塗抹蛋液。

11. 均勻撒上白芝麻和黑芝麻。

12. 放入預熱至180℃的烤箱中,溫度調降成170℃,烤約 18分鐘後,輕輕將烤盤往桌面敲打兩三次,移至散熱 架上冷卻。

如果製作六股的哈拉麵包比較困難，
也可像編髮一樣，用三股的方式進行編織。
若採用三股的方式，
每股麵團的重量應增加到100g而非50g，以確保總重量一致。
這麼一來，烘烤的時間和溫度也才能維持一致。

31.

GONGJU CHESTNUT BREAD

栗子麵包

在質地柔軟又濕潤的布里歐麵團中，加入親自熬製的韓國公州栗子和杏仁鮮奶油，再放上酥菠蘿，製作出這款美味無比的麵包。如果覺得熬煮糖漬栗子太麻煩，也可使用市售罐裝栗子或甘栗仁代替。

| 200g | 6個 | 165℃ | 28~30分鐘 |

PROCESS

→	混合	麵團最終溫度25～27℃
→	第一次發酵	27℃/ 75%, 60分鐘
→	分割	200g
→	靜置發酵	室溫或冷藏10～20分鐘
→	整形	單峰
→	第二次發酵	27℃/ 75%, 50～60分鐘
→	烘烤	165℃,28～30分鐘

INGREDIENTS

HOW TO MAKE

新鮮生栗子	600g
水	500g
細砂糖	300g
蜂蜜	100g

....

1500g

◆ 最終會製作出900~950g分量
　的糖漬栗子。

糖漬栗子（可用市售產品替代）

1. 將生栗子去除外殼，清洗乾淨。

2. 在鍋中加入水、細砂糖和蜂蜜後煮沸。

3. 當水沸騰時，再加入生栗子，過程中需要不時攪拌，持續煮到以矽膠刮板按壓時，可以輕易壓碎栗子的程度即可熄火。接著靜置燜煮10分鐘。

4. 待步驟**3**的栗子充分冷卻後，與糖漿一起裝入密封容器中，冷藏保存。使用前再將糖漿過濾掉。如果兩三天內就會使用完畢，也可直接把糖漿過濾掉再冷藏保存。

TIP 栗子完成品應該會呈現黃色，表面富有光澤的狀態。

杏仁鮮奶油

奶油	100g
純糖粉	100g
杏仁粉	100g
低筋麵粉	10g
雞蛋	100g
金蘭姆酒（BAKARDI）	10g
....	
	420g

5. 將軟化的奶油放進調理盆中，攪拌至質地順滑。

6. 加入過篩的純糖粉、杏仁粉和低筋麵粉，繼續攪拌。

7. 將雞蛋分成兩三次倒入，以中速攪拌至白色且鬆軟的狀態，打發至80％。

8. 加入金蘭姆酒，繼續攪拌。

9. 完成杏仁鮮奶油之後，用保鮮膜蓋住調理盆，在冰箱靜置一整天至熟成，即可使用。

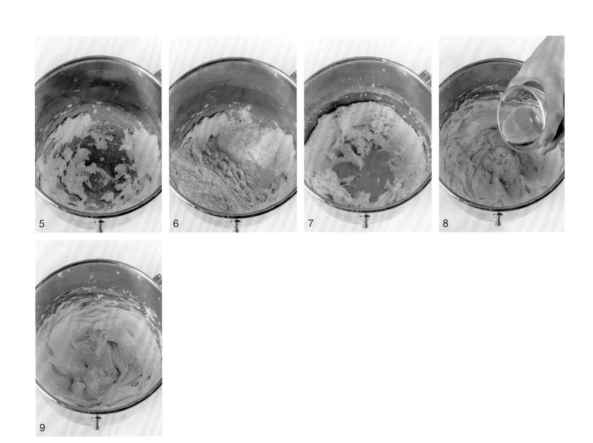

INGREDIENTS

布里歐麵團（p.208）1200g

HOW TO MAKE

栗子麵包

10. 準備好完成第一次發酵的「布里歐麵團」。

11. 把發酵好的麵團分割成每份200g。

12. 將麵團輕輕捏圓，使麵團表面光滑。

13. 放入麵包箱後蓋上蓋子，防止麵團變得乾燥，在室溫
下或冷藏靜置發酵10～20分鐘。

TIP 靜置發酵以夏天10分鐘、冬天20分鐘為準則。

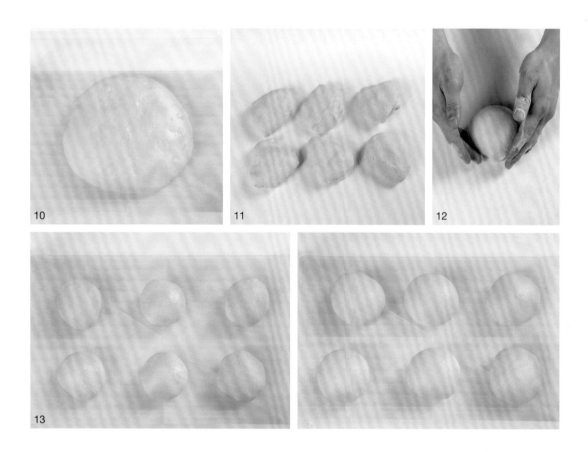

14. 將完成靜置發酵的麵團，以擀麵棍推成長條狀。

15. 在麵團上，擠上事先製作好的杏仁鮮奶油，約65～68g。

16. 使用抹刀均勻地抹平。

17. 放上約150g的糖漬栗子。

18. 由上往下，將麵團捲起，再將麵團的接縫處緊密黏合。

TIP 整形時，為了不讓麵團鬆開，請有彈性地、順順地捲起麵團。

19. 將整形好的麵團，對切成兩半。

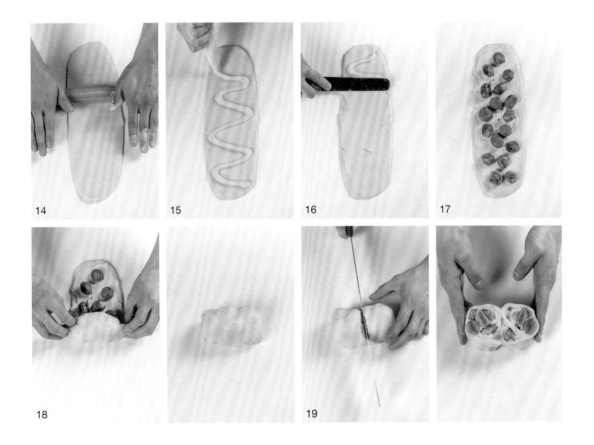

裝飾

酥菠蘿（p.130）　　120g

20. 將麵團的接縫處朝下，放進吐司模具中。

TIP　在此使用的是15.5×7.5×6.5cm的吐司模具。

21. 靜置發酵箱（27℃，75％）中約50～60分鐘，直到麵團發酵膨脹至吐司模具的高度。

22. 各撒上20g的酥菠蘿，放入預熱至180℃的烤箱，溫度調降至165℃，烤約28～30分鐘。

23. 從烤箱取出後，迅速將烤模往桌面輕敲兩三次，脫模後，將麵包移至散熱架上冷卻。

TIP　無法散出的熱蒸氣會聚集在麵包中央，因此要施力敲打，並立刻將麵包從烤模中取出。若沒有先敲打過，麵包內部會有過多的水分移動，造成吐司變形凹陷。

完成

32.

巧克力巴布卡

「巴布卡」，指的是用酵母發酵的麵團製成的蛋糕。巴布卡有兩種形式，東歐人將烘烤發酵的麵團，製成甜甜的糖霜蛋糕；猶太人則在麵團抹上香甜餡料，扭轉麵團後，加入類似酥菠蘿的表面裝飾，或在烘烤後淋上糖漿或糖霜。此食譜介紹的是巧克力風味，以編織麵團的方式製成的巴布卡。

200g

3個

160℃

30分鐘

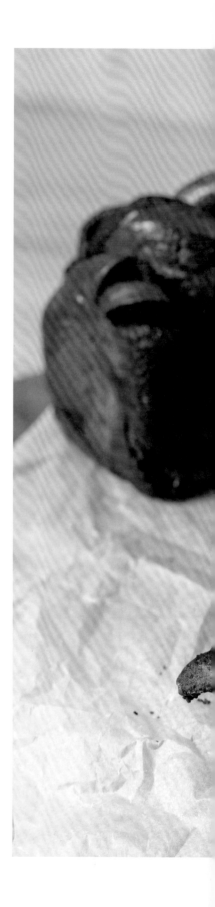

PROCESS

→	混合	麵團最終溫度25～27℃
→	第一次發酵	27℃/ 75%, 60分鐘
→	分割	200g
→	靜置發酵	冷藏20分鐘
→	整形	麻花捲
→	第二次發酵	27℃/ 75%, 50分鐘
→	烘烤	160℃,30分鐘

INGREDIENTS

奶油	70g
黑巧克力	70g
可可粉	25g
紅糖	80g
....	
	245g

HOW TO MAKE

巧克力餡料

1. 將奶油和黑巧克力加入碗中,待融化後調溫至45℃。

2. 將可可粉和紅糖加入另一個調理盆中,攪拌均勻。

3. 將步驟2的材料,倒入步驟1中攪拌。

4. 攪拌至凝固狀態,即可使用。

TIP 如果過度凝固而變得太硬,可先放入微波爐短暫加熱,待巧克力變得更加滑順後,再使用。

布里歐麵團（p.208） 600g
榛果碎 60g

5. 準備好完成第一次發酵的「布里歐麵團」。

6. 將麵團分成每份200g，輕輕捏成圓形。

7. 放入麵包箱中，在冰箱中靜置20分鐘。

8. 把麵團擀成橢圓形。

9. 將麵團的上下邊緣延展開來，使其呈現長方形。

10. 每份麵團各塗抹上80g的巧克力餡料。

11. 每份麵團各撒上20g的榛果碎。

TIP 將榛果以150℃的溫度烘烤6～7分鐘，再搗碎使用。

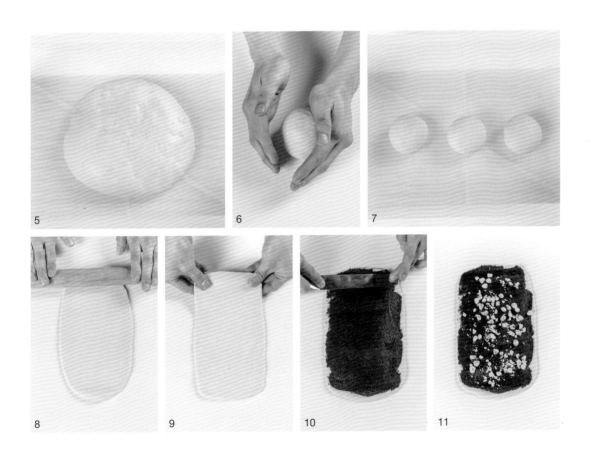

12. 有彈性地捲起麵團，將接縫處黏牢。

13. 把麵團切成兩等份。

14. 將麵團上下交叉擺放，呈現X字型。

15. 將底部和頂部各扭轉兩次。

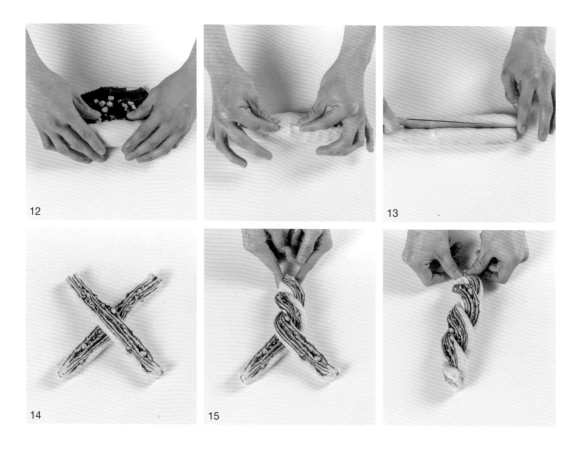

糖漿

細砂糖	100g
水	150g

16. 放至15.5×7.5×6.5cm大小的吐司模中。

17. 放入發酵箱中（27℃，濕度75％），發酵約50分鐘，直到麵團膨脹至距離模具頂部1.5cm處。

18. 放入預熱至180℃的烤箱中，溫度調降至160℃，烘烤約30分鐘，將模具往桌面敲打兩三次。

19. 趁麵包剛出爐還有熱度時，塗上滿滿的糖漿，移至散熱架上冷卻。

TIP 在鍋中加入細砂糖和水，煮至細砂糖完全溶解。等糖漿冷卻後再使用。煮糖漿時不需用勺子攪拌，直接煮即可。

33.

PISTACHIO BABKA

開心果巴布卡

加上滿滿的開心果粉，原汁原味地呈現出開心果
獨特的濃郁風味。麵包的切面帶有綠色和不規則
的紋理，是這款麵包最獨特的魅力。

| 200g | 3個 | 160℃ | 30分鐘 |

PROCESS

→	混合	麵團最終溫度25～27℃
→	第一次發酵	27℃/ 75％, 60分鐘
→	分割	200g
→	靜置發酵	冷藏20分鐘
→	整形	麻花捲
→	第二次發酵	27℃/ 75％, 50分鐘
→	烘烤	160℃,30分鐘

INGREDIENTS

奶油	67g
白巧克力	67g
開心果粉	67g
糖粉	45g
....	
	246g

HOW TO MAKE

開心果餡料

1. 將奶油和白巧克力加進調理盆中,融化調溫至45℃。

2. 拿出另一個調理盆,加入開心果粉和糖粉,充分攪拌均勻。

3. 將步驟2的材料倒入步驟1中,繼續攪拌。

4. 攪拌至呈凝固狀態,即可使用。

布里歐麵團（p.208） 600g

5. 準備好完成第一次發酵的「布里歐麵團」。

6. 將麵團分成每份200g，輕輕捏成圓形。

7. 放入麵包箱中，在冰箱中靜置20分鐘。

8. 把麵團擀成橢圓形。

9. 將麵團的上下邊緣延展開來，使其呈現長方形。

10. 每份麵團各塗上80g的開心果餡料。

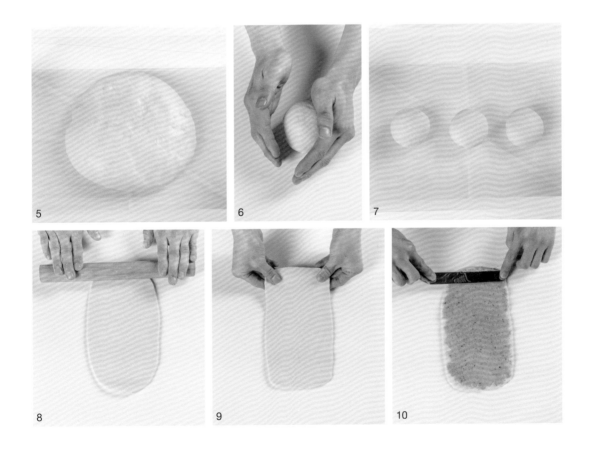

11. 有彈性地捲起麵團後，將麵團接縫處充分黏合。

12. 將麵團切割成2等份。

13. 將麵團上下交叉擺放，呈現╳字型。

14. 將麵團上下兩端扭轉捲起，固定住尾端。

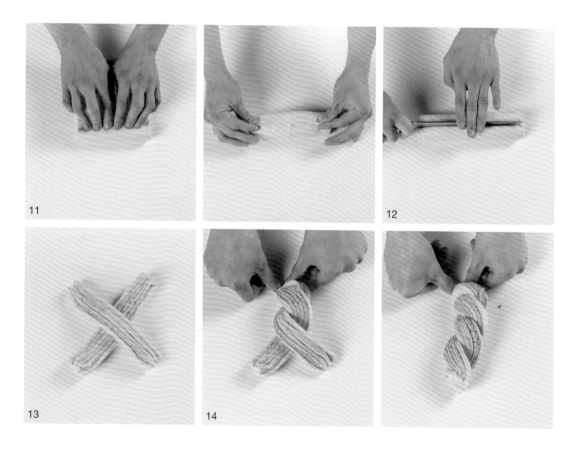

糖漿

細砂糖	100g
水	150g

15. 將麵團擺放進15.5×7.5×6.5cm大小的吐司烤模中。

16. 放入發酵箱中（27℃，濕度75％），發酵約50分鐘，直到麵團體積發酵膨脹至距離模具頂部1.5cm處。

17. 放進預熱至180℃的烤箱中，溫度調降至160℃、烘烤約30分鐘，將烤模往桌面輕輕敲打兩三次。

18. 趁麵包還很燙的時候，抹上大量糖漿，移至散熱架上冷卻。

TIP 製作糖漿時，將細砂糖和水加入鍋中，熬煮至細砂糖完全溶解。待糖漿冷卻後使用。在熬煮的過程中，不需使用刮板攪拌，靜置熬煮即可。

PART 7.

PRETZEL

蝴蝶餅麵包

蝴蝶餅麵包，是將麵團泡在由氫氧化鈉製成的鹼水中，再取出來烤成深褐色表面的德式麵包。此麵包的特色之一是外觀看起來很粗糙，內部卻非常柔軟且扎實。麵團與氫氧化鈉溶液接觸的表面會引起梅納反應（Maillard reaction），烘烤時形成豐富的礦物質，呈現微苦的香氣和迷人的口感。蝴蝶餅麵包不僅可單獨享用，也非常適合創意改造，製作成三明治或甜點麵包等多樣化的麵包。

蝴蝶餅麵團

T55麵粉	700g
細砂糖	17g
鹽	14g
酵母（saf 半乾酵母紅裝）	8g
奶油	42g
橄欖油	28g
冰塊	80g
牛奶	350g
	1239g

1. 將所有食材加進調理盆中，以低速攪拌約3分鐘，轉至中速攪拌約8～9分鐘，最後再轉至低速攪拌約1分鐘，打至全發（100％）的狀態。

2. 麵團的最終溫度應為25℃，此時的麵團具有卓越的延展性，表面形成薄且光滑的膜。

3. 修整麵團表面，使其變得光滑。

4. 搭配產品需求，將麵團分割成指定的分量。

TIP 為了掌控蝴蝶餅麵團發酵的程度，避免麵團變得更有彈性，麵團不需靜置休息，可立即進行分割。

5. 將麵團光滑的一面捲成橢圓形。（除了原味蝴蝶餅之外，其他的產品可以整形成圓形。）

6. 為防止麵團變乾燥，將麵團密封後放入冷凍，休息約20分鐘（或在冷藏休息約50分鐘），再依據產品的需求整形。

TIP 隨著發酵時間增加，蝴蝶餅麵團也會變硬，建議將麵團放入冷凍庫中休息，以抑制麵團的發酵，同時增加麵團延展性。

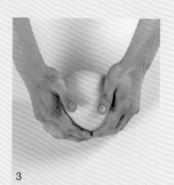

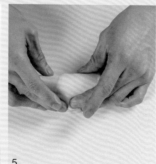

製作鹼水

冷水　　　　　　　500g
氫氧化鈉片鹼（食品級）25g

1. 將片鹼加入冷水中，攪拌均勻，溶解成鹼水。

TIP 若將片鹼加入溫水中，會更容易溶解，但化學反應會使水變得過燙，產生燙傷的危險。因此，建議使用冷水較為安全。

2. 放入冰箱冷藏備用。

TIP 將鹼水冷藏保存後再使用。若水溫處於溫熱狀態，麵團浸泡其中時，結構容易變得鬆散，發酵進程也會加快。

> 氫氧化鈉片鹼遇到水會產生化學反應，形成對人體有害的氣體，因此建議在寬敞且能充分通風的空間中製作。

用氫氧化鈉片鹼取代一般的小蘇打，製成蝴蝶餅

在經營YouTube頻道的過程中，最常收到的問題之一，就是關於「可用來替代氫氧化鈉的材料」。許多人想在家中避免使用氫氧化鈉，與其說是因為製作步驟繁瑣，主要還是因為氫氧化鈉本身存在的風險。因此，我嘗試使用一般小蘇打（烘焙用途的小蘇打粉）來製作蝴蝶餅。由於必須在熱水中進行製作，請多加留意，如果溶液接觸到皮膚或濺出來，請立刻用冷水沖洗1分鐘以上。

---

1. 以10：1的比例，將水和一般小蘇打混合，放入鍋中煮。

2. 煮滾時即可加入蝴蝶餅，正反兩面各煮30秒，總共1分鐘。

TIP　此時，混合一般小蘇打的水，會因為熱力瞬間達到與氫氧化鈉相似的pH值。因此，使用此溶液汆燙蝴蝶餅麵團時，效果會與使用氫氧化鈉時相似。

用氫氧化鈉片鹼製成的蝴蝶餅

用一般的小蘇打製成的蝴蝶餅

蝴蝶餅的正確烘烤方式

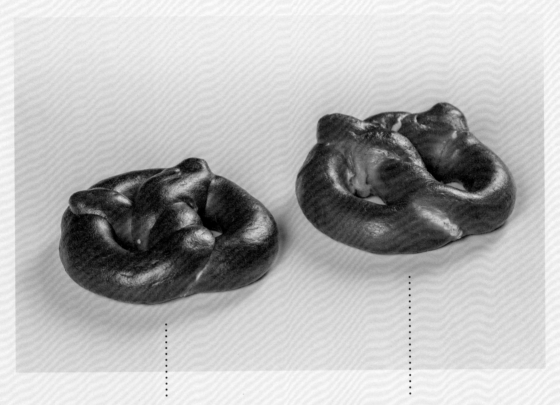

蝴蝶餅整體呈現均勻的烘烤色澤，沒有任何黃色的部分，表示蝴蝶餅產生了足夠的梅納反應。

蝴蝶餅某些部分呈現黃色，整體的烘烤色澤較淡，表示蝴蝶餅尚未烘烤完成。因為烘焙時間過短，導致殘留了一部分的氫氧化鈉。

　　在烘烤蝴蝶餅時，最需要留意的就是「烘烤的色澤」。完全烤熟的蝴蝶餅，呈深褐色且整體散發著光澤（如上圖左）。如果烤出來的蝴蝶餅，表面有部分呈現黃色或整體烘烤色澤較淺，那麼就代表蝴蝶餅尚未完全烤熟（如上圖右）。食用這樣的蝴蝶餅，可能會引起口腔刺痛，嚴重的話還會引起腹瀉。當然，在烤箱內會接觸到高溫和氧氣，使氫氧化鈉的成分大量減少，但就算只攝取了少量的氫氧化鈉，也可能對健康不利。因此，充分將蝴蝶餅烤出深褐色，是非常重要的步驟。

34.

原味蝴蝶餅

蝴蝶餅軟綿的口感和獨特的風味，與其粗糙的外觀截然不同。使用氫氧化鈉製作，才能呈現出最經典的風味，但如果覺得使用氫氧化鈉製作有點負擔，也可使用前面介紹的一般小蘇打（食品級蘇打粉）來製作。

| 120g | 10個 | 165℃ | 16～17分鐘 |

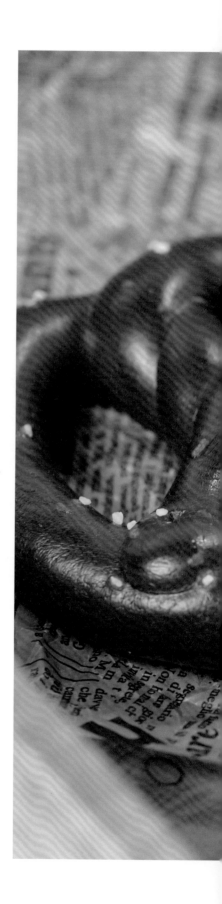

PROCESS

→	混合	麵團最終溫度25℃
→	分割	120g
→	靜置發酵	冷凍20分鐘或冷藏50分鐘
→	整形	愛心形狀
→	靜置發酵	冷凍20～30分鐘或冷藏50分鐘
→	烘烤	165℃, 16～17分鐘

271

INGREDIENTS

HOW TO MAKE

蝴蝶餅麵團（p.266）1200g

原味蝴蝶餅

1. 將完成靜置休息的「蝴蝶餅麵團」，抹上少許手粉（高筋麵粉），逐漸將麵團推至60～65cm的長度。

TIP 這裡使用的是分割成120g，共10份的麵團。

2. 將麵團如圖中的模樣，交叉擺放。

3. 將麵團的末端向下收攏，扭轉兩次。

4. 朝10點鐘和2點鐘方向（面向自己）用力按壓，使其黏合。

TIP 若沒有黏合好，可能會在浸泡鹼水時散開。

5. 將麵團放在烤盤紙（鐵氟龍片）上方，再用保鮮膜覆蓋，防止乾燥。放入冷凍庫中冷凍20～30分鐘（或冷藏約50分鐘），充分休息。

TIP 完成整形的麵團非常柔軟、難以操作，因此需要放入冷凍庫中靜置一段時間。同時，也讓麵團在整形過程中活躍的麵筋獲得休息，使完成的麵包口感更加柔軟且富有嚼勁。

參考影片學習
蝴蝶餅的整形方法

1

2

3

4

5

鹼水（p.267）　　　適量

裝飾

海鹽　　　　　　　適量

6. 將靜置休息的麵團浸泡在冰過的鹼水裡，約1分鐘。

TIP 即使只有10秒或20秒的差距，也可能導致蝴蝶餅的味道和顏色產生明顯差異。因此，建議設定計時器，以確保在準確的時間內浸泡和取出。

鹼水會對皮膚造成致命的影響，請務必戴上橡膠手套製作。

7. 倒掉鹼水，將麵團排列在烤盤紙（鐵氟龍片）上，麵團之間維持固定的間隔。

TIP 在德國，通常使用濃度4～5%的鹼水，建議濃度不要超過6%。

如果沒有先鋪上烤盤紙（鐵氟龍片），直接放上麵團，鹼水可能會融化烤盤的塗層，導致烤盤損壞；脫落的塗層也可能會沾附在麵包上，請多加留意。

8. 均勻撒上海鹽。

9. 放入預熱至180℃的烤箱中，溫度調降至165℃，烘烤約16～17分鐘，直到呈現深褐色，放在散熱架上冷卻。

TIP 製作蝴蝶餅麵包的氫氧化鈉雖然具有危險性，但在烘烤過程中會遇到熱和氧氣，讓氫氧化鈉變成普通蘇打粉。然而，如果烘烤時間不足，可能會殘留氫氧化鈉，因此，建議充分烤熟以確保安全。

6　　　7

8　　　9

35.

CINNAMON SUGAE PRETZEL

肉桂蝴蝶餅

如果大家喜歡淡淡的肉桂香和香甜的吉拿棒，強烈建議務必要嘗試這款甜點。只要將肉桂粉替換成可可粉，就能製作出孩子們喜歡的巧克力蝴蝶餅喔！

| 120g | 10個 | 165℃ | 16～17分鐘 |

PROCESS

→	混合	麵團最終溫度25℃
→	分割	120g
→	靜置發酵	冷凍20分鐘或冷藏50分鐘
→	整形	愛心形狀
→	靜置發酵	冷凍20～30分鐘或冷藏50分鐘
→	烘烤	165℃, 16～17分鐘

HOW TO MAKE

待烤好的原味蝴蝶餅（p.270）完全散熱後，塗上軟化的奶油，並撒上大量的肉桂糖粉即完成。

◆「肉桂糖粉」是將細砂糖和肉桂粉按照100：1的比例，混合而成。

36.

SAUSAGE PRETZEL

香腸蝴蝶餅

德國出產的蝴蝶餅和香腸肯定是絕配！厚實的蝴
蝶餅加上多汁又有嚼勁的香腸，再搭配蜂蜜顆粒
芥末醬，非常適合當作喝啤酒時的下酒菜。

80g

6個

165℃

16～17分鐘

PROCESS

→	混合	麵團最終溫度25℃
→	分割	80g
→	靜置發酵	冷凍20分鐘或冷藏50分鐘
→	整形	法國長棍麵包形狀
→	靜置發酵	冷凍20～30分鐘或冷藏50分鐘
→	烘烤	165℃, 16～17分鐘

INGREDIENTS

蝴蝶餅麵團（p.266） 480g

餡料

香腸 6根

HOW TO MAKE

香腸蝴蝶餅

1. 將完成靜置休息的「蝴蝶餅麵團」用手輕輕按壓，使其變平。

TIP 此步驟使用的是分割成6份，各80g的麵團。

2. 用擀麵棍將麵團推成橢圓形。

3. 將麵團翻面橫放。

4. 麵團中央放上香腸。

5. 將麵團上下往中央包合，確保麵團接縫處充分黏合。

6. 麵團放在烤盤紙（鐵氟龍片）上方，再用保鮮膜覆蓋，防止乾燥。放入冷凍庫中冷凍20～30分鐘（或冷藏約50分鐘），充分休息。

TIP 完成整形的麵團非常柔軟、難以操作，因此需要放入冷凍庫中靜置一段時間。同時，也讓麵團在整形過程中活躍的麵筋獲得休息，使完成的麵包口感更加柔軟且富有嚼勁。

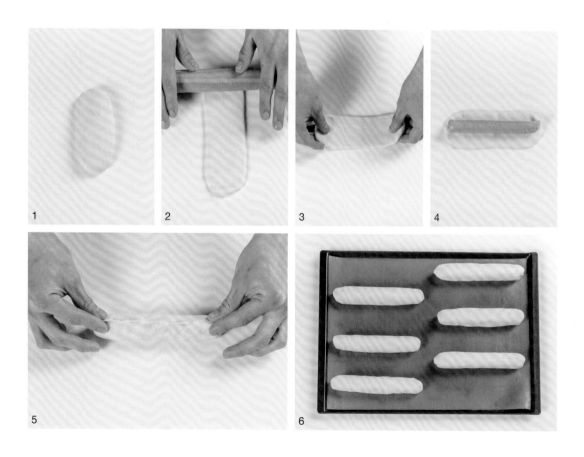

1

2

3

4

5

6

鹼水（p.267） 適量

7. 將靜置休息的麵團浸泡在冰過的鹼水裡，約1分鐘。倒掉鹼水，把麵團排列在烤盤紙（鐵氟龍片）上，麵團之間維持固定的間隔。

TIP 在德國，通常使用濃度4～5%的鹼水，建議濃度不要超過6%。

8. 使用麵包刀或水果刀，在麵團上方劃下刀痕。

9. 放入預熱至180℃的烤箱，溫度調降至165℃，烘烤約16～17分鐘，直到整體呈現深褐色，放在散熱架上冷卻。在烤箱烘焙時，由於麵團表面的殘留水分，可能會導致刀痕處的麵團黏在一起。若遇到這種情況，可先將烤盤從烤箱中暫時取出，重新劃下清楚的刀痕，再迅速放回烤箱，繼續烘烤。

TIP 如果沒有先鋪上烤盤紙（鐵氟龍片），直接放上麵團，鹼水可能會融化烤盤的塗層，導致烤盤損壞；脫落的塗層也可能會沾附在麵包上，請多加留意。
製作蝴蝶餅麵包的氫氧化鈉雖然具有危險性，但在烘烤過程中會遇到熱和氧氣，讓氫氧化鈉變成普通蘇打粉。然而，如果烘烤時間不足，可能會殘留氫氧化鈉，因此，建議充分烤熟以確保安全。

蜂蜜顆粒芥末醬作法

香腸蝴蝶餅搭配番茄醬或蜂蜜顆粒芥末醬享用，也很美味。蜂蜜顆粒芥末醬是將顆粒芥末醬40g、蜂蜜40g和美乃滋100g，混合攪拌製成。

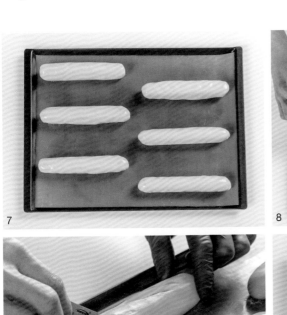

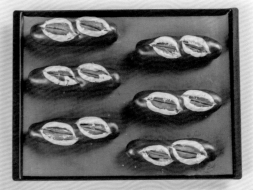

37.

SALTED MILK CREAM PRETZEL

鹽味牛奶
鮮奶油蝴蝶餅

為了搭配口感厚實的蝴蝶餅，在此將馬斯卡彭乳酪結合生奶油作為夾心。在甜蜜的鮮奶油中，添加少許鹽巴，製作出口感既高級又清爽的甜點。這是一款完美結合甜、鹹風味的麵包，此內餡也可運用在甜甜圈等各式甜點中。

| 120g | 9個 | 165℃ | 18分鐘 |

PROCESS

→	混合	麵團最終溫度25℃
→	分割	120g
→	靜置發酵	冷凍20分鐘或冷藏50分鐘
→	整形	鹽可頌形狀
→	靜置發酵	冷凍20～30分鐘或冷藏50分鐘
→	烘烤	165℃, 18分鐘

INGREDIENTS

鮮奶油	500g
馬斯卡彭乳酪	150g
煉乳	40g
細砂糖	40g
脫脂奶粉	20g
鹽	3g
....	
	753g

蝴蝶餅麵團（p.266）1080g

HOW TO MAKE

鹽味牛奶鮮奶油

1. 將所有食材放入調理盆中，打至堅挺的全發（100％）狀態。

鹽奶油蝴蝶餅麵包

2. 準備好完成靜置休息的「蝴蝶餅麵團」。

TIP 此步驟使用的是分割成9份，各120g的麵團。

3. 將麵團整形成水滴狀。

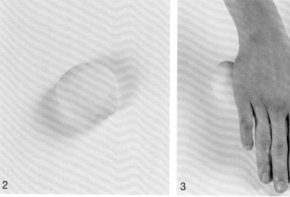

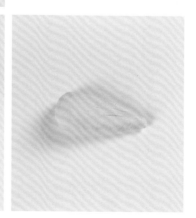

4 用擀麵棍由下往上擀平。

5. 將麵團翻面。

6. 從上往下有彈性地捲起麵團。

7. 確保麵團的接縫處緊緊黏合。

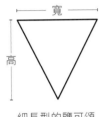

細長型的鹽可頌　短胖型的鹽可頌

細長型的鹽可頌 vs 短胖型的鹽可頌

如何擀平三角形麵團，對鹽可頌成品的形狀會有很大的影響。如果將麵團推成又寬又短的大三角形，鹽可頌的形狀就會變得細長且薄；如果將麵團推成又窄又長的三角形，則可製作出短胖型的鹽可頌。換句話說，三角形上方的寬度越寬、高度越窄，麵包就會變得又細又長；而寬度狹窄、高度越長，麵包的形狀則會越短胖。在此介紹的鹽味牛奶鮮奶油蝴蝶餅，就是將麵團推得又寬又短，完成細長型的鹽可頌。

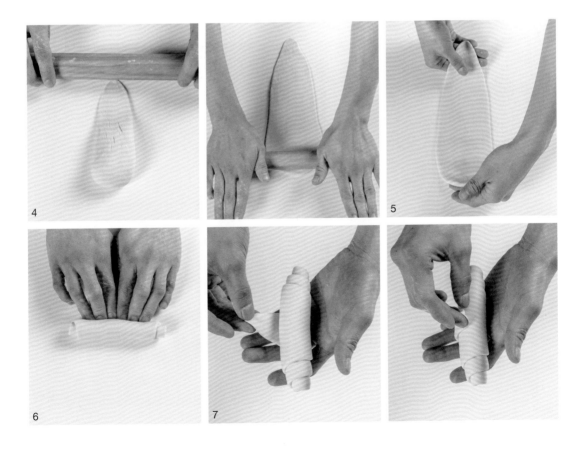

装飾

海鹽　　　　　　　　　適量

鹼水（p.267）　　　　適量

8. 將麵團放在烤盤紙（鐵氟龍片）上方，再用保鮮膜覆蓋，防止乾燥。放入冷凍庫中冷凍20～30分鐘（或冷藏約50分鐘），充分休息。

TIP 完成整形的麵團非常柔軟、難以操作，因此需要放入冷凍庫中靜置一段時間。同時，也讓麵團在整形過程中活躍的麵筋獲得休息，使完成的麵包口感更加柔軟且富有嚼勁。

9. 將靜置休息的麵團浸泡在冰過的鹼水裡，約1分鐘。倒掉鹼水，將麵團排列在烤盤紙（鐵氟龍片）上，麵團間維持固定的間隔。

TIP 即使只有10秒或20秒的差距，也可能導致蝴蝶餅的味道和顏色產生明顯差異。因此，建議設定計時器，以確保在準確的時間內浸泡和取出。

由於鹼水會對皮膚造成致命的影響，請務必戴上橡膠手套製作。

10. 撒上海鹽。

11. 放入預熱至180℃的烤箱中，溫度調降至165℃，烘烤約18分鐘，直到呈現深褐色，放在散熱架上冷卻。

TIP 如果沒有先鋪上烤盤紙（鐵氟龍片），直接放上麵團，鹼水可能會融化烤盤的塗層，導致烤盤損壞；脫落的塗層也可能會沾附在麵包上，請多加留意。

製作蝴蝶餅麵包的氫氧化鈉雖然具有危險性，但在烘烤過程中會遇到熱和氧氣，讓氫氧化鈉變成普通蘇打粉。然而，如果烘烤時間不足，可能會殘留氫氧化鈉，因此，建議充分烤熟以確保安全。

12. 等蝴蝶餅麵包充分冷卻後，切割後攤開。

13. 擠上80g的鹽味牛奶鮮奶油。

14. 蓋上蝴蝶餅麵包。

15. 使用抹刀將鮮奶油的表面抹平，即完成。

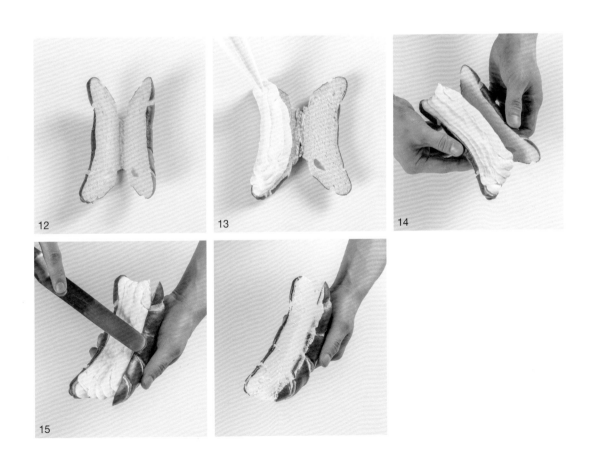

12

13

14

15

38.

LEEK & CREAM CHEESE PRETZEL

蔥花&奶油乳酪蝴蝶餅麵包

奶油乳酪和蔥搭在一起時，令人意外的毫無違和感！將蔥略微烤過、去除辛辣味，凸顯出蔥的甜味和香氣。將麵團扭轉成貝果造型，填入滿滿的蔥花奶油乳酪，再用韭菜裝飾鮮奶油外側，製作成色香味俱全的麵包。

120g

9個

165℃

16～17分鐘

PROCESS

→	混合	麵團最終溫度25℃
→	分割	120g
→	靜置發酵	冷凍20分鐘或冷藏50分鐘
→	整形	造型貝果
→	靜置發酵	冷凍20～30分鐘或冷藏50分鐘
→	烘烤	165℃,16～17分鐘

INGREDIENTS

蔥	200g
奶油乳酪	600g
純糖粉	100g
帕馬森起司粉	45g
顆粒芥末醬	20g

....

965g

HOW TO MAKE

蔥花奶油乳酪

1. 將蔥清洗乾淨、除去水分後，切成長度0.5cm，再放入預熱至180℃的烤箱中烤約2分鐘，然後讓蔥充分冷卻。

TIP 如果使用生蔥，過一段時間後可能會產生怪味，並且容易變質。將蔥稍微烤過，不僅可提升蔥的甜味，味道也更加美味且香氣更濃郁。蔥的量會左右烘烤的時間，請將蔥烘烤至軟化、呈現半透明狀態。

2. 將軟化的奶油乳酪放入調理盆中，攪拌至質地順滑。

3. 將過篩的純糖粉、帕馬森起司粉、顆粒芥末醬和處理好的蔥花，加入步驟**2**攪拌均勻。

TIP 若攪拌時間過長，可能會導致蔥花碎掉，請多加留意。

蝴蝶餅麵團（p.266）1080g

4. 準備好完成靜置休息的「蝴蝶餅麵團」。

5. 將麵團擀成26～28cm的長條狀。

TIP 此步驟使用的是分割成9份，各120g的麵團。麵團在按壓、扭轉的過程中，會持續變長，因此一開始不需要將麵團擀得太長。

6. 用手掌輕輕按壓麵團，使其變得扁平。

7. 用手扭轉麵團的兩端，使麵團變得緊密。

8. 將一側的麵團尾端撥開。

參考影片學習
造型貝果的整形方法

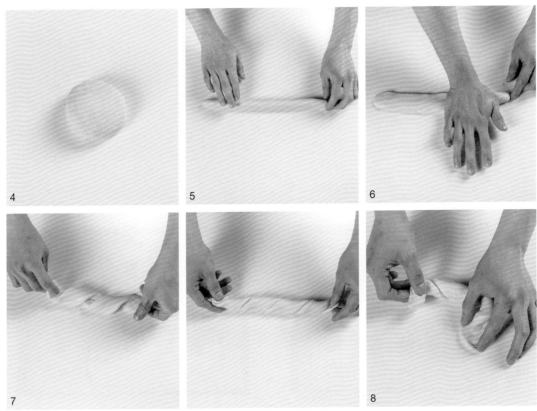

鹼水（p.267）　　　　適量

9. 在撥開的空間中塞入另一側的麵團。

10. 稍微拉開麵團的尾端，包覆住內側的麵團，使其緊密黏合。

11. 將麵團放在烤盤紙（鐵氟龍片）上方，再用保鮮膜覆蓋，防止乾燥。放入冷凍庫中冷凍20～30分鐘（或冷藏約50分鐘）以充分休息。

TIP 完成整形的麵團非常柔軟、難以操作，因此需要放入冷凍庫中靜置一段時間。同時，也讓麵團在整形過程中活躍的麵筋獲得休息，使完成的麵包口感更加柔軟且富有嚼勁。

12. 將靜置休息的麵團浸泡在冰過的鹼水裡，約1分鐘。倒掉鹼水，將麵團排列在烤盤紙（鐵氟龍片）上，麵團間維持固定的間隔。

TIP 即使只有10秒或20秒的差距，也可能導致蝴蝶餅的味道和顏色產生明顯差異。因此，建議設定計時器，以確保在準確的時間內浸泡和取出。
鹼水會對皮膚造成致命的影響，請務必戴上橡膠手套製作。

9

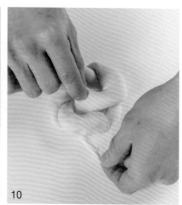
10

11

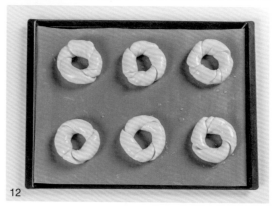
12

装飾

海鹽　　　　　　適量

其他

韭菜　　　　　　適量

13. 撒上海鹽。

14. 放入預熱至180℃的烤箱中，溫度調降至165℃，烘烤約16～17分鐘，直到呈現深褐色，放在散熱架上冷卻。

TIP 如果沒有先鋪上烤盤紙（鐵氟龍片），直接放上麵團，鹼水可能會融化烤盤的塗層，導致烤盤損壞；脫落的塗層也可能會沾附在麵包上，請多加留意。
製作蝴蝶餅麵包的氫氧化鈉雖然具有危險性，但在烘烤過程中會遇到熱和氧氣，讓氫氧化鈉變成普通蘇打粉。然而，如果烘烤時間不足，可能會殘留氫氧化鈉，因此，建議充分烤熟以確保安全。

15. 將冷卻的蝴蝶餅麵包，對切成兩半。

16. 擠上100g的蔥花奶油乳酪，蓋上蝴蝶餅麵包。

TIP 在麵包邊緣擠上較多的奶油乳酪，方便沾附韭菜。

17. 將韭菜沾附在蝴蝶餅麵包側面的奶油乳酪上。

TIP 將韭菜清洗乾淨，去除多餘水分，切成1.5cm的段狀使用。

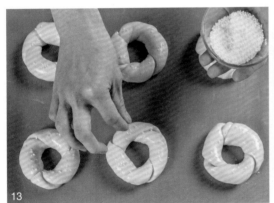

13

14

15

16

17

39.

KAYA JAM & BUTTER PRETZEL

咖椰奶油
蝴蝶餅麵包

此食譜試著將新加坡廣受歡迎的咖椰吐司，改成蝴蝶餅麵包的方式呈現。在蝴蝶餅麵包外層，撒上椰子配料，增添酥脆口感和香甜風味。在製作此款麵包時，不需浸泡在鹼水溶液中。對於使用氫氧化鈉製作蝴蝶餅深感困擾的家庭烘焙者，絕對值得嘗試看看這款食譜！

| 120g | 6個 | 165℃ | 18分鐘 |

PROCESS

→	混合	麵團最終溫度25℃
→	分割	120g
→	靜置發酵	冷凍20分鐘或冷藏50分鐘
→	整形	法棍麵包形狀
→	靜置發酵	冷凍20～30分鐘或冷藏50分鐘
→	烘烤	165℃,18分鐘

INGREDIENTS

蛋白	48g
細砂糖	42g
低筋麵粉	15g
融化奶油	18g
椰絲	60g
⋯⋯⋯⋯⋯	
	183g

HOW TO MAKE

椰香脆絲（Krispy）

1. 將事先混合好的細砂糖和低筋麵粉加入蛋白中，攪拌均勻。

2. 加入融化奶油，攪拌均勻。

3. 加入椰絲並繼續攪拌。

4. 將完成的椰香脆絲密封後，放入冰箱靜置至少30分鐘，熟成後再使用。

TIP 比起製作完就立刻使用，建議提前一天作好椰香脆絲，椰絲吸收水分後會變得富有彈性，吃起來口感更好，製作時也更方便。

蝴蝶餅麵團（p.266） 720g

5. 準備好完成靜置休息的「蝴蝶餅麵團」。

TIP 此步驟使用的是分割成6份，各120g的麵團。

6. 使用擀麵棍將其擀成橢圓形，將麵團翻面，使光滑面朝下。

7. 將麵團上下往中央對摺，摺成3層。

8. 將麵團上方約2/3處，向內摺，使用手腕輕輕按壓摺疊的部分，使麵團緊密黏合。

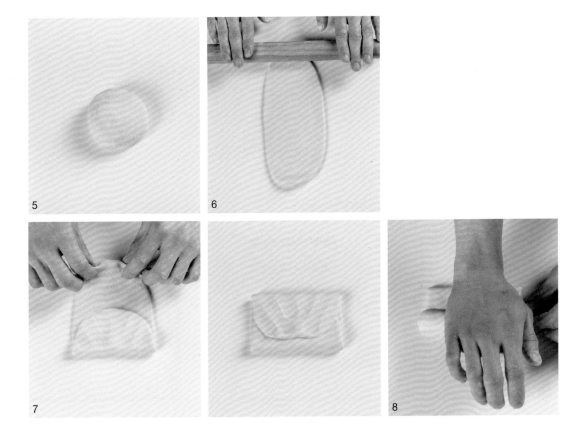

9. 將麵團由上往下，再摺疊一次，用手腕輕壓麵團、使其緊密黏合。

10. 讓麵團的接縫處充分黏合。

11. 麵團的接縫處朝下，放在烤盤紙（鐵氟龍片）上，再用保鮮膜覆蓋，防止乾燥。放入冷凍庫中冷凍20～30分鐘（或冷藏約50分鐘）充分休息。

TIP 完成整形的麵團非常柔軟、難以操作，因此需要放入冷凍庫中靜置一段時間。同時，也讓麵團在整形過程中活躍的麵筋獲得休息，使完成的麵包口感更加柔軟且富有嚼勁。

12. 在手沾水的狀態下，於麵團表面撒上椰香脆絲。

13. 放入預熱至180℃的烤箱中，溫度調降至165℃、烘烤約18分鐘，至顏色呈現金黃色，放在散熱架上冷卻。

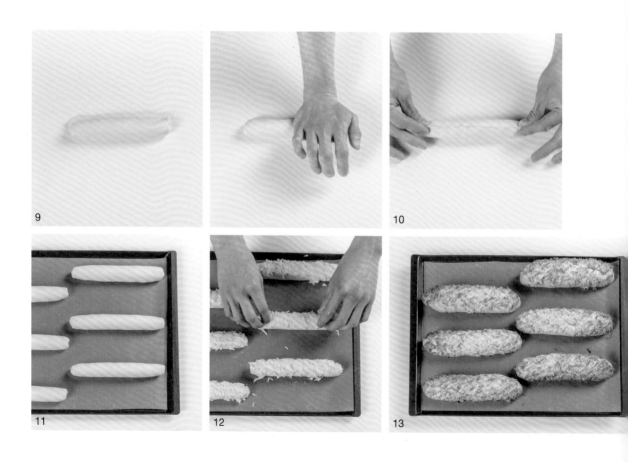

其他

咖椰醬   270

Elle＆Vire無鹽發酵奶油 270

白雪防潮糖粉

（DECO SNOW）   適量

14. 散熱完畢的蝴蝶餅，從中央對切成兩半，但不切斷。

15. 將每個麵包各擠上45g的咖椰醬。

16. 將每個麵包各放上45g的切片無鹽發酵奶油。

17. 撒上白雪防潮糖粉，即完成。

14   15   16   17

在家也能做的韓系麵包

韓國排隊名店主廚配方大公開！一次收錄39款高人氣精選麵包

作　　者│金鎮浩 Kim Jin Ho
譯　　者│余映萱 Queena Yu

責任編輯│楊玲宜 Erin Yang
責任行銷│袁筱婷 Sirius Yuan
封面裝幀│初雨設計
版面構成│譚思敏 Emma Tan
校　　對│鄭世佳 Josephine Cheng

發 行 人│林隆奮 Frank Lin
社　　長│蘇國林 Green Su

總 編 輯│葉怡慧 Carol Yeh
主　　編│鄭世佳 Josephine Cheng
行銷經理│朱韻淑 Vina Ju
業務處長│吳宗庭 Tim Wu
業務專員│鍾依娟 Irina Chung
業務秘書│陳曉琪 Angel Chen
　　　　　莊皓雯 Gia Chuang

發行公司│ 悅知文化 精誠資訊股份有限公司
地　　址│ 105 台北市松山區復興北路99號12樓
專　　線│ (02) 2719-8811
傳　　真│ (02) 2719-7980
網　　址│ http://www.delightpress.com.tw
客服信箱│ cs@delightpress.com.tw
ISBN │ 978-626-7406-69-4
初版一刷│ 2024年06月
建議售價│ 新台幣680元

本書若有缺頁、破損或裝訂錯誤，請寄回更換
Printed in Taiwan

國家圖書館出版品預行編目資料

在家也能做的韓系麵包：韓國排隊名店主廚配方大公開！一次收錄39款高人氣精選麵包 / 金鎮浩著；余映萱譯. -- 初版. -- 臺北市：悅知文化 精誠資訊股份有限公司, 2024.06
　面；　公分
ISBN 978-626-7406-69-4 (平裝)
1.CST: 麵包 2.CST: 點心食譜

427.16　　　　　　　　　　　　　　113005579

집에서 운영하는 작은 빵집 SOFT BREAD

Copyright ⓒ2023 by Kim Jin Ho
All rights reserved.
Original Korean edition published by THETABLE, Inc.
Chinese(complex) Translation rights arranged with THETABLE, Inc.
Chinese(complex) Translation Copyright ⓒ2024 by SYSTEX Co., Ltd.
through M.J. Agency, in Taipei.

悦知文化
Delight Press

以最簡單的烘焙方式，
重現令人難忘的
韓系麵包！

————————《在家也能做的韓系麵包》

請拿出手機掃描以下QRcode或輸入
以下網址，即可連結讀者問卷。
關於這本書的任何閱讀心得或建議，
歡迎與我們分享 ☺

https://bit.ly/3ioQ55B

PARISETTE

來自法國的好味道

Le bon goût à la française

法國原裝進口

巴黎香榭法國粉

Certified ISO9001:2008 \ AFNOR Certification \ HALAL Certificate

　　樹芙雷集團是法國第一穀物收集企業產業包括葡萄、小麥、大麥、各式穀物及酵素研究開發，GMDF磨麥坊身為集團一員，自然受惠於母公司對小麥的產量及專業，能取得全法國甚至全歐洲最好的原料，旗下有10間研磨廠位於法國及比利時，所有產品皆保證高品質，符合食品安全標準。

總代理 活力信食品有限公司

特選T55巴黎香榭法國粉

灰分/ 0.55%　　　蛋白質/ 12.0g%

麥香豐厚，操作易上手，吸水性強且機械耐性高，成品咀嚼回甘，斷口性優良。